AF390616

Les Céréales

Encyclopédie des Connaissances Agricoles

Publiée sous la direction de **E. CHANCRIN**

INSPECTEUR DE L'AGRICULTURE

I. — NOTIONS GÉNÉRALES SUR LES SCIENCES APPLIQUÉES A L'AGRICULTURE

Chimie générale appliquée à l'Agriculture, par E. CHANCRIN. Inspecteur de l'Agriculture. Un vol. 2 50

Chimie agricole, par E. CHANCRIN. Un vol. 2 50

Physique et météorologie agricoles, par E. CHANCRIN. Un vol. . . . . » »

Zoologie et Microbiologie agricoles, par E. SAGOURIN. Inspecteur de l'Agriculture. Un vol. . . . . » »

Botanique agricole, par PIERRE BERTHAULT, docteur ès sciences, et MOREAU, répétiteur de botanique agricole à l'École nationale d'agriculture de Grignon. Un vol. . . . . » »

Géologie agricole (Agriculture comparée), par FRANÇOIS BERTHAULT, directeur de l'Enseignement et des Services agricoles, BRETIGNIÈRES, professeur à l'École nationale d'agriculture de Grignon, et E. CHANCRIN. Un vol. . . . . » »

II. — AGRICULTURE

Agriculture générale (Culture et amélioration du sol), par FRANÇOIS BERTHAULT, directeur de l'Enseignement et des Services agricoles, et BRETIGNIÈRES, professeur à l'École nationale d'agriculture de Grignon. Un vol. . . . . » »

Agriculture spéciale :

Les Céréales, par A. DESRIOT, Directeur de l'École d'agriculture de l'Allier. Un vol. 2 50

Les Prairies, par L. MALPEAUX, Directeur de l'École d'agriculture du Pas-de-Calais. Un vol. 1 50

Les Plantes sarclées (Pomme de terre, Betterave, Carotte, etc.), par L. MALPEAUX, Directeur de l'École d'agriculture du Pas-de-Calais. Un vol. . . . . 2 »

Les Plantes Industrielles :

La Betterave à sucre, la Betterave de distillerie et la Chicorée à café, par L. MALPEAUX, Directeur de l'École d'Agriculture du Pas-de-Calais. Un vol. 1 50

Les Plantes oléagineuses, par L. MALPEAUX, Directeur de l'École d'agriculture du Pas-de-Calais. Un vol. . . . . 1 »

Les Plantes textiles, par L. BONNÉTAT, Professeur à l'École d'agriculture de la Vendée. Un vol. . . . . 50 c.

Le Tabac, par F. DE CONFEVRON, Vérificateur de la culture des tabacs. Un vol. . . . . 75 c.

Le Houblon, par G. MOREAU, Professeur de brasserie à l'École nationale des industries agricoles de Douai. Un vol. . . . . 75 c.

Arboriculture fruitière, par J. VERCIER, Professeur d'horticulture et d'arboriculture de la Côte-d'Or. Un vol. 3 50

Culture potagère, par J. VERCIER. Un vol. 3 50

Viticulture moderne, par E. CHANCRIN. Un vol. . . . . 3 »

Forêts, Pâturages et Prés-Bois. Economie Sylvo-Pastorale par A. FRON, Inspecteur des Eaux et Forêts. Un vol. 1 50

Industries agricoles :

Le Blé, la Farine, le Pain. Étude pratique de la meunerie et de la boulangerie par ED. RABATÉ, Professeur départemental d'agriculture du Lot-et-Garonne. Un vol. 1 80

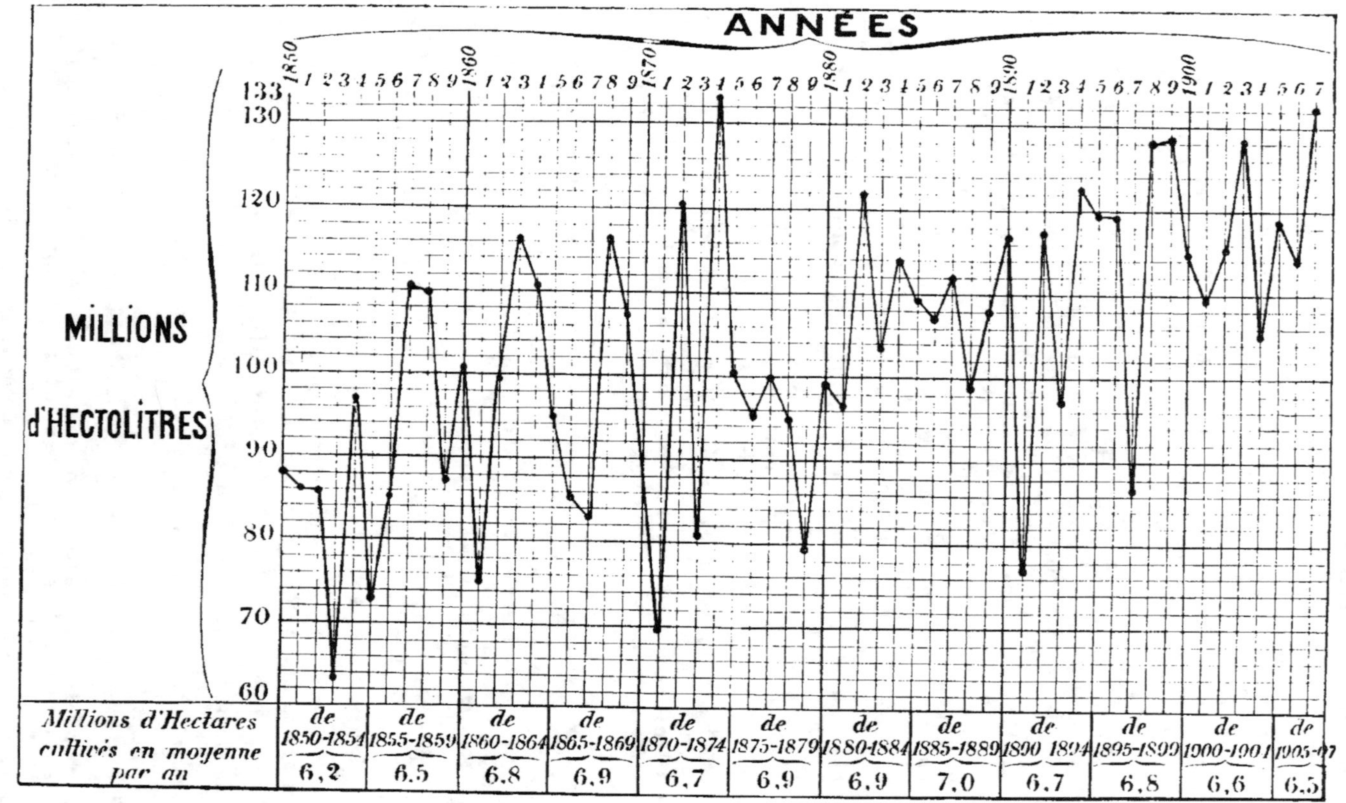

Millions d'Hectares cultivés en moyenne par an	de 1850-1854	de 1855-1859	de 1860-1864	de 1865-1869	de 1870-1874	de 1875-1879	de 1880-1884	de 1885-1889	de 1890 1894	de 1895-1899	de 1900-1901	de 1905-07
	6,2	6.5	6.8	6.9	6.7	6.9	6.9	7.0	6.7	6.8	6,6	6.5

PRODUCTION ANNUELLE DU BLÉ EN FRANCE DE 1850 A 1908.

ENCYCLOPÉDIE DES CONNAISSANCES AGRICOLES
Sous la Direction de M. E. CHANCRIN, Inspecteur de l'Agriculture.

Les Céréales

PAR

A. DESRIOT

Ingénieur Agricole
Directeur de l'École d'Agriculture de l'Albret.

TROISIÈME ÉDITION

Fleur de Blé

PARIS

LIBRAIRIE HACHETTE ET Cⁱᵉ

79, BOULEVARD SAINT-GERMAIN, 79

1915

INTRODUCTION

La surface des terres consacrées à la culture des céréales en France n'a pas augmenté depuis le milieu du siècle dernier.

Pour le blé, le nombre d'hectares n'a guère varié depuis une cinquantaine d'années, mais les rendements n'ont fait que progresser.

Au début du siècle précédent, la production ne dépassait pas 8 hectolitres par hectare; il y a cinquante ans, elle était de 14 hectolitres; actuellement, elle dépasse 17 hectolitres.

Malgré cette progression, nous sommes à peine arrivés à produire suffisamment pour subvenir aux besoins de notre consommation. Notre pays est souvent obligé de recourir aux blés étrangers.

Il faut dire, encore, que, si la production du blé a considérablement augmenté, la consommation s'est accrue elle aussi, et dans une proportion beaucoup plus forte, car on consomme de moins en moins de pain de seigle, de méteil, etc.

Pour l'avoine, les surfaces ensemencées ont augmenté très sensiblement; il en a été de même du rendement. Cependant, malgré les progrès réalisés dans la culture de cette plante, progrès qui ont d'ailleurs été moins grands que pour le blé, la production n'a guère dépassé 25 hectolitres à l'hectare.

Pour les autres céréales, les surfaces de culture ont peu varié, sauf pour le seigle et le méteil, où la diminution est assez grande, une partie des terres qui leur étaient consacrées étant maintenant occupée par le blé. Mais, s'il n'y a pas eu augmentation des surfaces, il n'en a pas été de même des rendements, qui se sont accrus.

Il y a donc eu, en général, un sensible progrès dans la culture de toutes les céréales. Mais ce progrès ne doit pas s'arrêter : il reste encore un effort à faire pour que la production atteigne les besoins de la consommation.

Dans ce petit ouvrage que nous leur consacrons, nous avons cherché à indiquer aux cultivateurs tout ce qui est utile pour arriver à augmenter le rendement des céréales tout en diminuant le prix de revient de l'hectolitre.

A. Desriot.

LES CÉRÉALES

On désigne sous le nom de *céréales*, les graminées dont les grains, réduits en farine, peuvent servir à la nourriture de l'homme. On y joint le *sarrasin* qui appartient à la famille des polygonées.

Les céréales ont toujours été la base de la nourriture de tous les peuples, aussi l'importance de leur culture est-elle considérable.

En France elles occupent plus du quart du territoire total et près des 60 centièmes de la superficie des terres labourables.

Nous étudierons successivement :

Le **blé**, le **seigle**, le **méteil**, l'avoine, l'orge. le **sarrasin**, le **maïs** et le **millet.**

De toutes les céréales. le blé est la plus importante : aussi nous étendrons-nous davantage sur sa culture.

LE BLÉ

CHAPITRE I

NOTIONS PRÉLIMINAIRES

Le **blé** appartient au genre *triticum* et à la famille des *graminées*. On réserve le nom de *froment* aux espèces du genre dont les grains se dépouillent de leurs balles à la maturité et celui *d'épeautre* aux espèces à grains vêtus.

Cette céréale est la principale de nos plantes cultivées puisque son grain, une fois transformé en farine, sert à faire le pain qui constitue la base de notre alimentation.

Le blé est connu depuis la plus haute antiquité, c'est ce qui fait que M. A. de Candolle l'a qualifié de plante préhistorique ; il pense que sa patrie doit se trouver dans la région de l'Euphrate.

Cette plante est cultivée dans toutes les parties du monde.

C'est l'Amérique qui produit le plus de blé, 180 000 000 d'hectolitres environ pour 17 000 000 d'hectares; puis la Russie, 140 000 000 d'hectolitres pour 13 500 000 hectares. Les autres pays qui produisent encore passablement de blé (en exceptant la France, qui vient après la Russie, pour la quantité), sont : l'Espagne (13 500 000 hectolitres); l'Italie (42 000 000 d'hect.); la Hongrie, y compris la Croatie et la Slavonie (41 000 000 d'hect.); l'Allemagne (38 000 000); la Grande-Bretagne et l'Irlande (19 500 000).

En France, on a cultivé en moyenne par an (de 1899 à 1908) : 6 633 770 hectares en blé, qui ont produit 117 947 220 hectolitres ou 91 277 800 quintaux, soit 17 hectolitres 78 par hectare. L'hectolitre a pesé 77 kg 38.

La France, au point de vue de la superficie et de la production totale, vient, en Europe, après la Russie. Au point de vue du rendement à l'hectare elle ne se classe qu'après la Hollande, le Danemark, la Belgique, la Suède.

La culture du blé, en France, occupe près de 16 pour 100 de la superficie totale de notre pays, c'est dire que c'est la plus importante de toutes les plantes que nous cultivons.

1. Caractères du blé. — Description. — Le blé possède des *racines* fasciculées (fig. 1), c'est-à-dire présentant plusieurs radicelles égales en grosseur et partant du même point: les *tiges*, qui sont simples, possèdent un certain nombre de *nœuds*, elles donnent des pailles pleines ou creuses suivant les variétés; ces

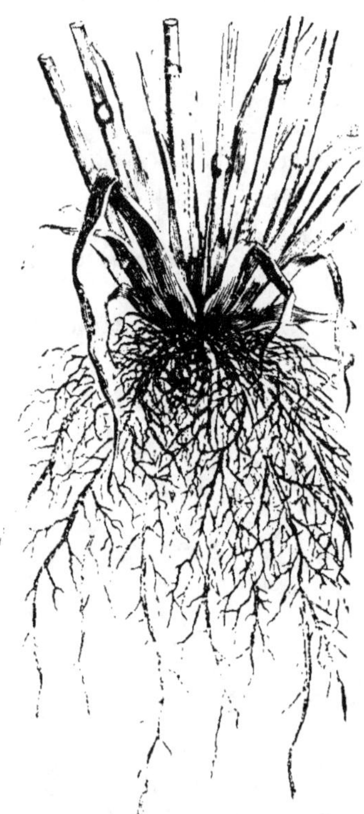

pailles sont généralement lisses et portent le nom de *chaumes*. Les nœuds donnent attache aux *feuilles* qui sont alternes. Chaque feuille se compose d'une *gaine* qui entoure le mérithale (espace compris entre deux nœuds) (fig. 2) et d'un *limbe* ou feuille proprement dite. Entre le limbe et la gaine on observe un appendice foliacé généralement dentelé, allongé et arrondi, qui porte le nom de *ligule*. A la base du limbe et près de la ligule se trouvent deux petites membranes minces, à *poils raides*, qui embrassent la tige, ce sont les *stipules*[1] ou oreillettes.

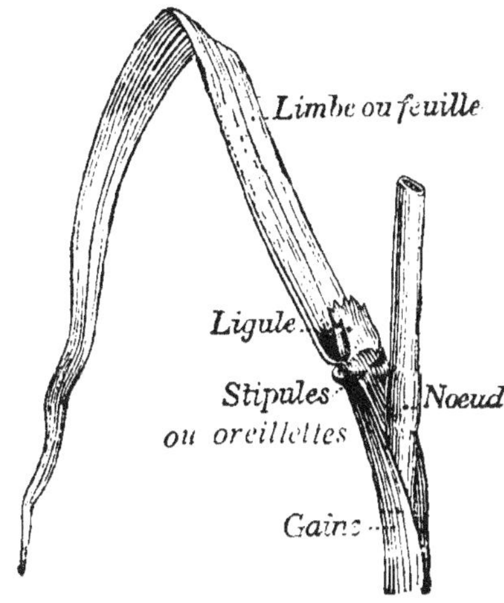

FIG. 2. — FEUILLE DE BLÉ.

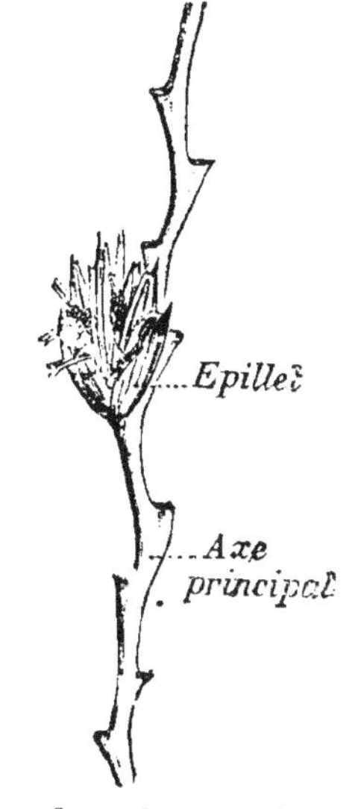

FIG. 3. — AXE DE L'ÉPI SUR LEQUEL ON N'A LAISSÉ QU'UN ÉPILLET.

Les tiges du blé se terminent par un *épi composé* : sur un axe

FIG. 4. — ÉPILLET.

FIG. 5. — UNE FLEUR DE BLÉ.

---

1. La ligule et surtout les stipules servent à distinguer entre elles les céréales en herbe. C'est ainsi que, dans l'*orge*, la ligule est allongée et aiguë, à dents larges, les stipules se croisent également sur la tige, comme dans le blé, mais elles ne *possèdent pas de poils*. Les feuilles sont larges et vert clair.

Dans le *seigle*, la ligule est courte, à dents courtes et triangulaires ; les stipules sont *petites et ne portent pas de poils*. Les feuilles sont rougeâtres.

Dans l'*avoine*, la ligule est courte et ovale, à dents aiguës ; il *n'existe pas de stipules*.

principal aplati et présentant une série d'angles plus ou moins aigus, séparés par des entre-nœuds très courts, légèrement convexes d'un côté et concaves de l'autre, se trouvent insérés, sur chacun des angles, une réunion de fleurs qu'on appelle *épillet*. Cet épillet est appliqué le long de l'axe principal par une de ses faces. Chaque épillet est formé d'un axe secondaire portant de 3 à 5 fleurs, dont les supérieures stériles, et est muni à sa base de deux bractées qui portent le nom de *glumes*. Chaque fleur est enfermée dans deux *glumelles* : l'une de ces glumelles, la plus grande, se termine dans un grand nombre de variétés par une barbe; l'autre, la supérieure, a ses parties latérales repliées en rideau s'emboîtant dans la première et met à l'abri les organes de fécondation.

Les glumes et glumelles constituent, au battage, les *balles*.

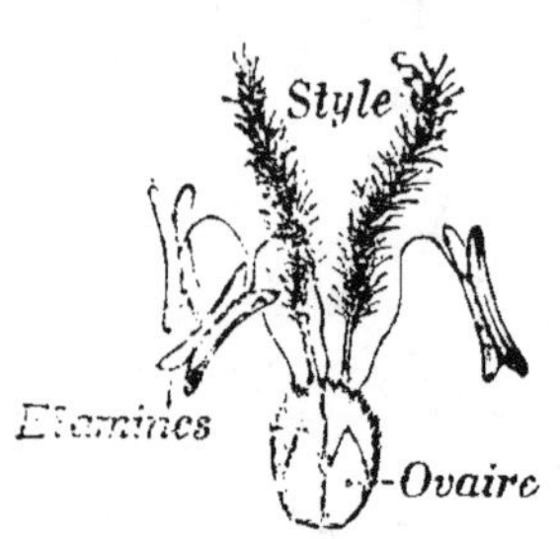

FIG. 6. — FLEUR NUE.

Les épillets situés à la partie inférieure de l'épi sont généralement infertiles. Ce sont toujours les épillets placés au milieu de l'épi qui fleurissent les premiers, puis ceux qui les avoisinent en haut et en bas, et enfin ceux qui sont situés aux deux extrémités de l'épi.

Chaque fleur possède un ovaire surmonté de deux *styles* plumeux et de trois *étamines* à deux loges. A la base de l'ovaire se trouvent deux petites écailles, ce sont les *glumellules*. La fécondation a lieu dans l'intérieur de la fleur, en très peu de temps, et cela à une température de 20 à 22 degrés. Les étamines apparaissent ensuite à l'extérieur. L'ovaire fécondé devient le *grain*. Le *grain de blé* (fig. 7) est une masse plus ou moins allongée qui présente suivant sa longueur un sillon. Ce grain est muni, à sa partie supérieure, c'est-à-dire à la pointe, de poils qui forment *la houppe*; les spores de certains champignons qui attaquent le blé se logent le plus souvent dans ces poils.

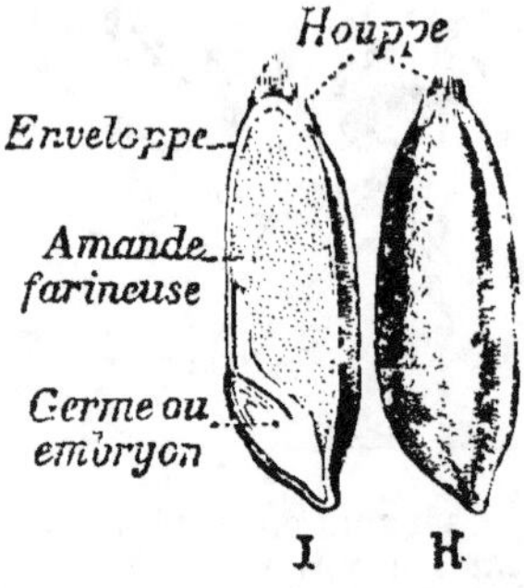

Quand on coupe un grain de blé en son milieu dans le sens de sa plus grande longueur comme l'indique la fig. 7 on constate qu'il

FIG. 7. — GRAIN DE BLÉ.

II, *Fruit*: I, *Coupe verticale du fruit.*

est constitué par une *enveloppe*[1] d'environ un dixième de millimètre d'épaisseur (c'est le *son*), contenant l'*amande farineuse*
qui donne par la mouture la *farine*. A la base du grain, du
côté opposé au sillon, on distingue le *germe* ou *embryon*.

2. Mode de végétation. — Quand on place un grain de blé
dans des conditions convenables, dans un sol frais et à température suffisamment élevée, il germe
au bout de huit à dix jours et on voit
apparaître la première feuille.

Dans le sol, le grain commence à donner la
radicule puis la tigelle; la radicule émet alors
beaucoup de radicelles, la tigelle s'allonge et
donne la première feuille. Au bout de peu de
temps, si les circonstances atmosphériques sont
favorables, il se forme un épaississement et de
là il part une autre feuille. Pour les blés semés
d'assez bonne heure, une troisième feuille se
développe ainsi que des racines; ces racines ne
proviennent plus de la semence.

Lorsque la température descend au-
dessous de + 6°, le blé ne végète plus,
la plante passe ainsi l'hiver, et la végétation repart au printemps. Vers le plateau, c'est-à-dire au premier nœud de
la tige (quelquefois au 2ᵉ ou au 3ᵉ): il
se développe alors un certain nombre
de feuilles secondaires et des racines
dites *printanières*, nom donné par op-
position à celles qui se sont développées à l'automne et qui sont sorties
immédiatement de la se-
mence, et que l'on nomme
racines automnales. Ces
racines automnales se dé-
truisent en partie, elles ne
peuvent plus prendre les
matériaux nécessaires à la
plante.

Fig. 8 et 9. — Grain de blé germé.

Lorsque les racines dites printanières se sont développées en
partie à l'automne, le *déchaussement* est beaucoup moins à
craindre, car si à la suite des gelées la tige est coupée au-des-

1. En réalité il y a plusieurs enveloppes.

sus des racines automnales, la plante qui possédera des racines
formées près du sol, pourra reprendre sa croissance au printemps, surtout si un roulage vient raffermir le sol autour d'elle.
Si, au contraire, les racines supérieures ne sont pas encore
formées, la plante est perdue.

En mars et avril partent du nœud où se sont formées les
racines printanières, un certain nombre de tiges, on dit alors
que le blé *talle*. Ces tiges
secondaires s'élèvent en même
temps que la tige principale.
Le tallage commence entre la
troisième et la quatrième
feuille, généralement à partir
du 15 février. La date moyenne
du tallage est, dans la région
septentrionale, le 15 mars. Fin
mai, commencement de juin
les épis apparaissent, c'est l'*é-
piage*: le blé *fleurit* et la fécondation est achevée; la *maturation* termine alors le cycle
de végétation.

3. Climat. — Le blé est une
plante très rustique, c'est ainsi
qu'elle mûrit ses graines en
Norvège par 65° de latitude et
sur la côte ouest de l'Amérique, par 62°, 5 de latitude.

La culture du blé en France
ne dépasse guère 1000 mètres
d'altitude. Sous l'équateur on

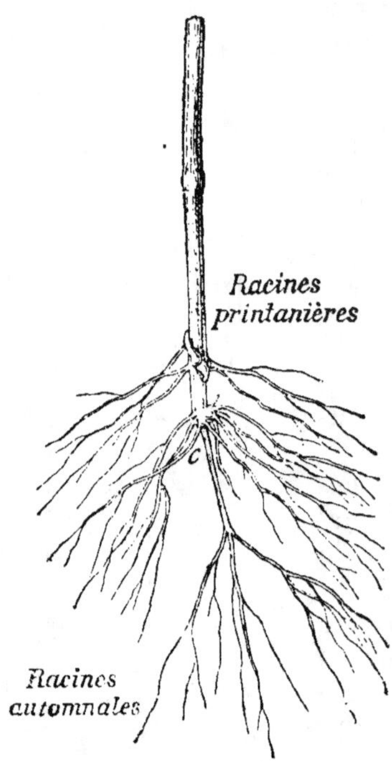

Fig. 10. — Racines de blé.

rencontre encore cette plante à 3200 mètres. En Écosse sa
culture cesse à 200 mètres et en Norvège à 50 mètres.

Action de la chaleur. — Le blé, pour arriver à maturité a
besoin que l'air et le sol où il vit lui fournissent la quantité de
chaleur qui lui est nécessaire.

D'après Sachs, le blé ne peut germer au-dessous de 5° centigrades. MM. de Candolle, Hervé-Mangon et Risler estiment
que cette plante ne peut végéter au-dessous d'une température
moyenne de 6° centigrades.

Pour parcourir ses différentes phases de végétation le blé
exige environ 2300°, défalcation faite des températures inférieures à 6°, qui se répartissent ainsi :

Sommes de températures.

Du semis à la levée	150 degrés
De la levée au tallage	500 —
Du tallage à la floraison	850 —
De la floraison à la maturité	820 —
	2.320 degrés

Plus le blé reçoit de lumière, moins la durée de végétation est grande. M. Garola a trouvé que la durée de la végétation a été :

	Pour le blé de mars.	Pour le blé d'aatomne.
Du semis à la levée, en moyenne.	11 jours.	16 jours.
De la levée au tallage	33 —	121 —
Du tallage à la floraison	44 —	80 —
De la floraison à la récolte	41 —	46 —
Total	134 jours.	272 jours.

Action de la lumière. — La lumière est aussi nécessaire que la chaleur pour l'assimilation des principes nutritifs d'une plante. A l'abri de la lumière la plante perd sa couleur verte, c'est-à-dire sa chlorophylle, et ne peut puiser le carbone de l'air, si nécessaire à sa nourriture[1]. La plante qui en est privée reste jaune, elle est étiolée, elle ne peut lignifier ses tissus qui restent mous. La verse du blé est souvent due au manque d'éclairement du pied.

M. Garola a trouvé qu'à Chartres la quantité totale de lumière radiante que le blé recevait pendant sa végétation était :

Avant le tallage	1 440°.
Du tallage à la floraison	2 050°.
De la floraison à la maturité	2 000°.

Soit 6 090 degrés actinométriques[2].

Le blé ne peut résister à un froid trop intense. — C'est ainsi qu'au delà de — 15° à — 16° il peut être détruit. Lorsque le sol est couvert de neige, quand bien même les gelées seraient

---

1. Voir *Chimie agricole* (Encyclopédie des connaissances agricoles).

2. Pour les autres céréales :

Avoine	5 000° actinométriques.
Orge	5 000° —
Maïs quarantaine	5 370° —
Millet	4 240° —
Seigle	5 030° —
Blé chiddam de mars	5 360° —

très fortes et dépasseraient — 25°, le blé résiste à ces grands froids.

En 1879-1880, à la forêt de Haye, près Nancy, le thermomètre est descendu à —30° et les blés n'ont pas souffert de la gelée, ils étaient couverts de neige. En 1870-71 et 1890-91 ils furent détruits à une température moins basse, mais les froids étaient survenus alors que le sol n'était pas couvert de neige.

Il ressort des observations de Boussingault que la neige, mauvaise conductrice de la chaleur, se comporte comme un écran qui, en abritant le sol, le soustrait au refroidissement qu'il éprouverait dans les nuits sereines, elle préserve des atteintes des basses températures les plantes qu'elle recouvre. La température descend toujours moins bas sous la neige qu'à la surface.

Le blé craint surtout les alternatives fréquentes de *gel et de dégel*, même quand le froid n'est pas très intense. Le sol en gelant augmente de volume surtout s'il est humide, les plantes subissent une traction qui, souvent répétée, les déchausse car les racines ont été rompues : lorsque le sol se tasse au dégel, les plantes restent suspendues (fig. 11) et périssent si un roulage ne vient pas les rechausser.

Humidité. — Les plantes, pour se développer, doivent absorber une grande quantité d'eau qui leur amène les matières fertilisantes puisées dans le sol. Cette absorption se fait par les poils que possèdent les racines.

Fig. 11. — Pied de blé déchaussé.

L'eau chargée de matières nutritives et constituant ce que l'on appelle la *sève brute* s'élève dans les vaisseaux ou petits canaux de la plante, pour aller jusque dans les feuilles, *véritables laboratoires* où la plante prépare, grâce à sa matière verte (chlorophylle) et aux rayons du soleil, ce que l'on appelle la *sève élaborée*, qui n'est en quelque sorte que le « sang » de la plante. Cette sève élaborée est distribuée dans tout le végétal par d'autres canaux que ceux qui ont amené la sève brute[1].

---

1. Voir *Botanique* et *Chimie agricole* (Encyclopédie des connaissances agricoles).

L'absorption et la transpiration amènent un courant d'eau qui fournit à la plante les éléments fertilisants. Si la transpiration par les feuilles est plus forte que l'absorption par les racines, la plante se fane : si le contraire a lieu la plante augmente de volume et il se dépose des gouttelettes d'eau sur les feuilles.

J.-B. Lawes, à Rothamstel, a trouvé que pour la fabrication de 1 gramme de matière sèche, le blé évaporait :

```
Sans engrais. . . . . . . . . . . . . . . . . . . . . . .  247 grammes.
Avec engrais minéral. . . . . . . . . . . . . . . . . .  225    —
  —       —       —      azoté . . . . . . . . . . .  200    —
```

Ces expériences montrent que par l'emploi des engrais on peut combattre dans une certaine mesure les effets nuisibles de sécheresses ordinaires.

D'après les calculs de M. Garola, une récolte de 24 quintaux de blé d'hiver évaporerait 1525 mètres cubes d'eau et une récolte de 20 quintaux de blé de printemps 1720 mètres cubes[1]. Pendant la période de maturation, il se produit une migration des principes élaborés vers l'épi pour la formation du grain. S'il se produit durant cette période des *coups de chaleur* trop intenses, la migration se trouve arrêtée : la plante se dessèche, jaunit et mûrit très vite : comme le grain n'est pas suffisamment nourri, il reste petit, ridé, il ne contient que peu de farine. On dit alors que le blé est échaudé. On peut s'en préserver en partie en ayant recours aux variétés précoces, c'est-à-dire à celles qui exigent le moins de chaleur et de lumière pour parcourir tout le cycle de leur végétation.

Les *vents*, les *orages* et la *grêle* occasionnent souvent, dans la culture du blé, des dégâts très appréciables. Les vents et les orages peuvent amener la verse que nous étudierons d'autre part.

Le climat a une grande influence sur la production du blé :

Dans les contrées où la végétation se poursuit longtemps et régulièrement on peut arriver en cultivant des blés tardifs aux récoltes maxima (Nord, environs de Paris), mais dans les contrées où la plante est obligé de réduire sa période d'activité, les blés se montrent plus précoces, ils produiront moins (Est. Sud).

---

1. D'après Haberland, pour la production d'un gramme de matière sèche, il y aurait une évaporation d'eau de : 234 grammes pour le blé; 160 grammes pour le seigle; 247 grammes pour l'orge; 455 grammes pour l'avoine.

CHAPITRE II

LES DIFFÉRENTES VARIÉTÉS DE BLÉ

Il existe un très grand nombre de variétés de blé et il s'en forme tous les jours de nouvelles. Chaque pays a ses variétés préférées qui ont fait souvent leurs preuves et qu'il suffirait bien des fois de sélectionner pour avoir des races remarquables.

Pour la description des variétés, nous avons adopté la classification de H. de Vilmorin.

Il existe deux grandes classes de blés : les *blés à grain nu* et les *blés à grain vêtu*.

Le groupe des blés à grain nu est celui qui renferme le plus grand nombre de variétés, il comprend les quatre espèces suivantes :

Blé tendre (*Triticum sativum*, Lam.).

Blé poulard (*Triticum turgidum*, L.)

Blé dur (*Triticum durum*, Desf..)

Blé de Pologne (*Triticum polonicum*, L.)

Le groupe des blés à grain vêtu ne renferme qu'un assez petit nombre de variétés qui se font remarquer par une grande rusticité, ce qui permet de les cultiver où les blés à grain nu ne pourraient réussir.

Ce groupe comprend :

Les Épeautres proprement dits (*Triticum spelta*, L.)

Les Amidonniers (*Triticum amyleum*, Seringe.)

Les Engrains (*Triticum monococcum*, L.)

Le tableau, ci-contre, que nous avons établi, permet de voir de suite la valeur de telle ou telle variété et de rechercher celles qui peuvent convenir à telle ou telle situation.

La classe des blés tendres étant de beaucoup la plus nombreuse des blés cultivés, nous lui avons donné une plus grande importance.

Dans le tableau qui va suivre nous n'avons décrit que les variétés qui nous ont paru les plus intéressantes.

Les figures représentées sont classées suivant les caractères de l'épi et du grain.

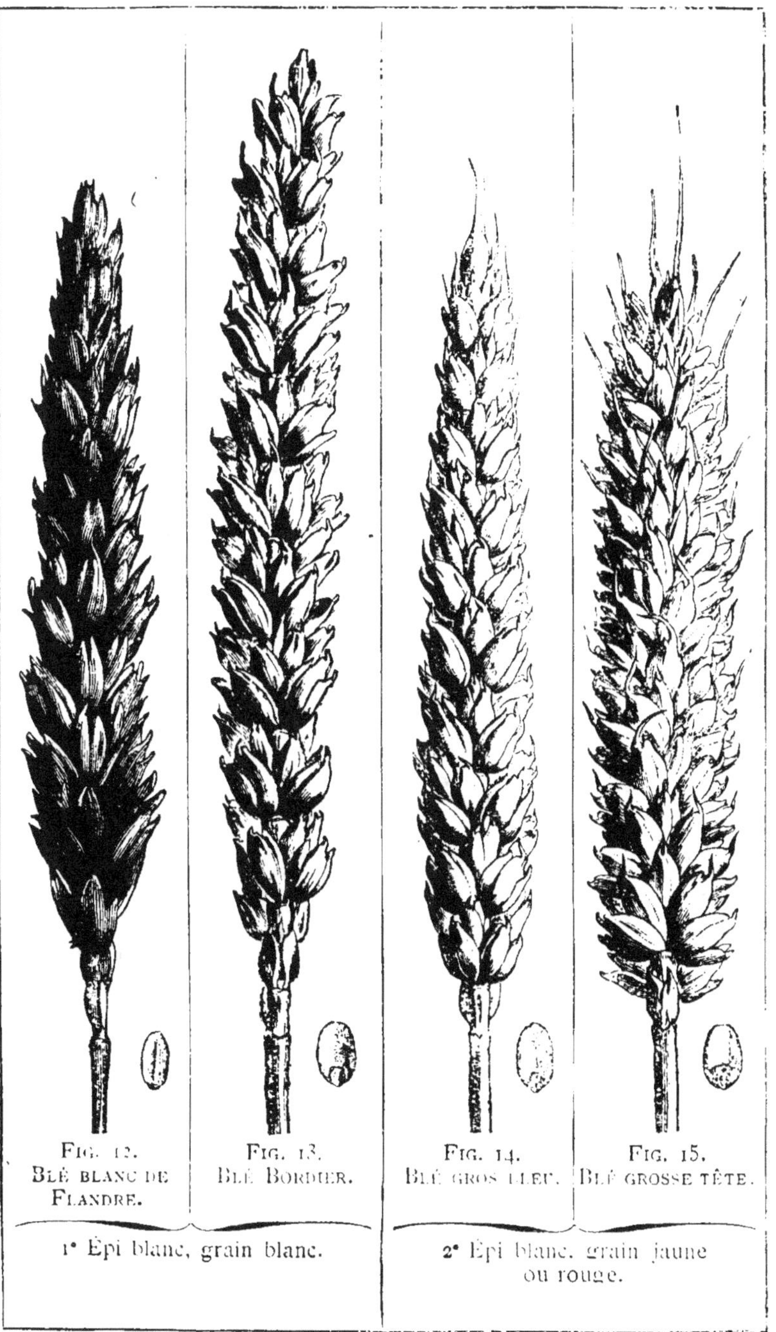

FIG. 12.
BLÉ BLANC DE
FLANDRE.

FIG. 13.
BLÉ BORDIER.

FIG. 14.
BLÉ GROS BLEU.

FIG. 15.
BLÉ GROSSE TÊTE.

1° Épi blanc, grain blanc.

2° Épi blanc, grain jaune
ou rouge.

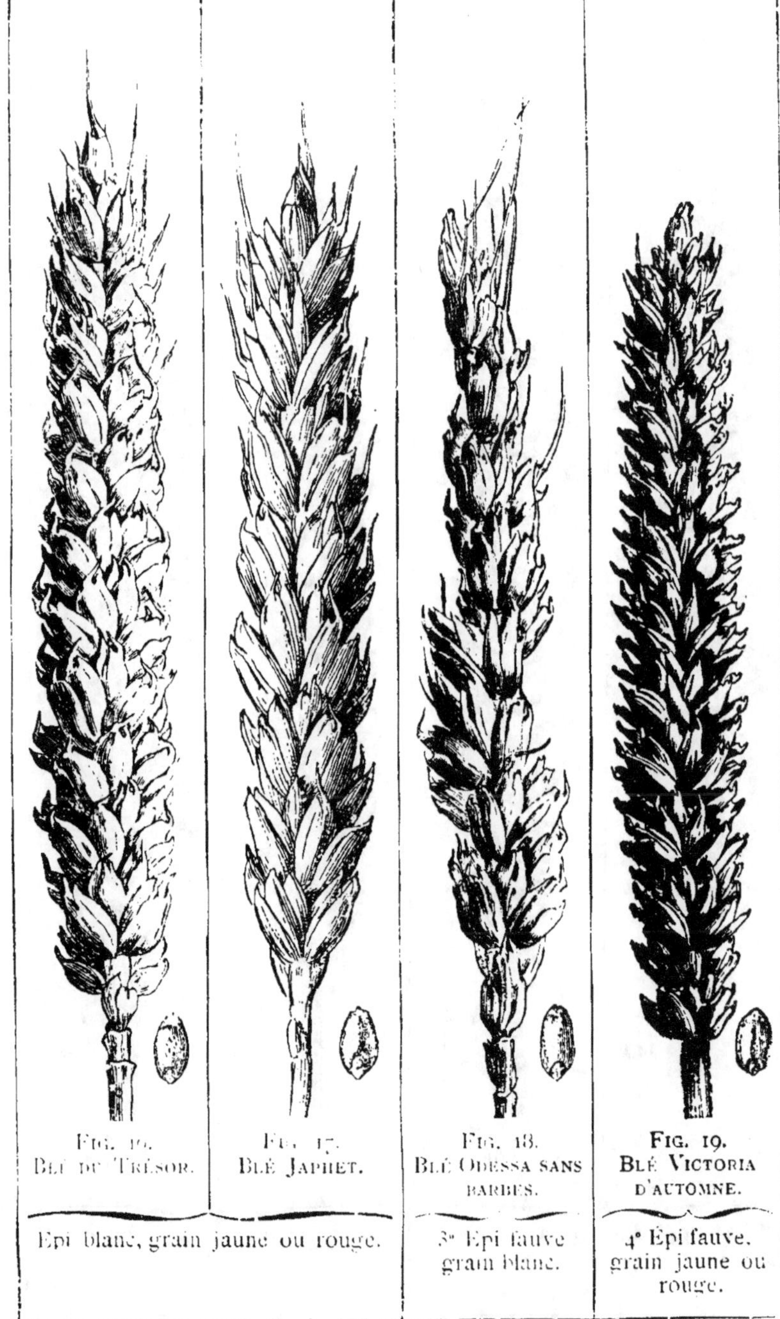
FIG. 16.
BLÉ DU TRÉSOR.

FIG. 17.
BLÉ JAPHET.

FIG. 18.
BLÉ ODESSA SANS
BARBES.

FIG. 19.
BLÉ VICTORIA
D'AUTOMNE.

Epi blanc, grain jaune ou rouge.

3° Epi fauve
grain blanc.

4° Epi fauve,
grain jaune ou
rouge.

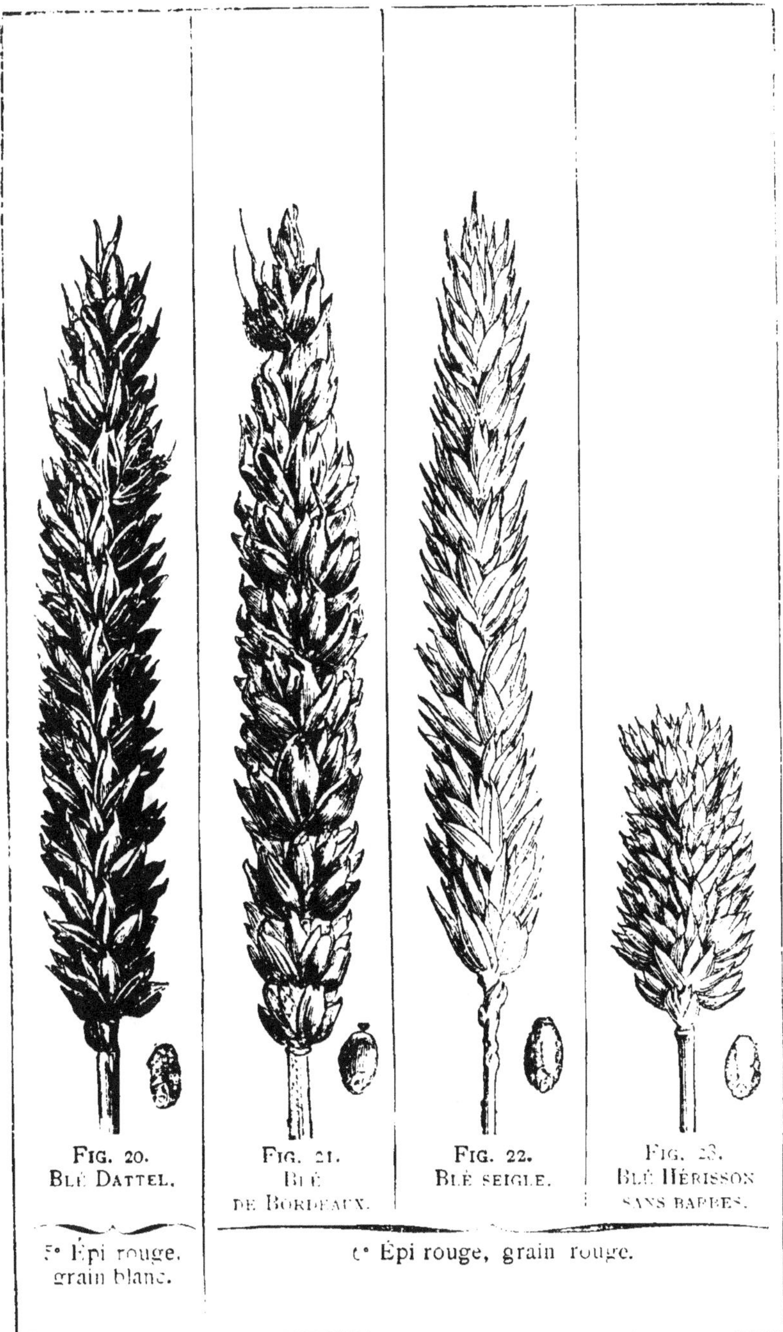

Fig. 20.
Blé Dattel.

Fig. 21.
Blé
de Bordeaux.

Fig. 22.
Blé seigle.

Fig. 23.
Blé Hérisson
sans barbes.

5° Épi rouge. grain blanc.

6° Épi rouge, grain rouge.

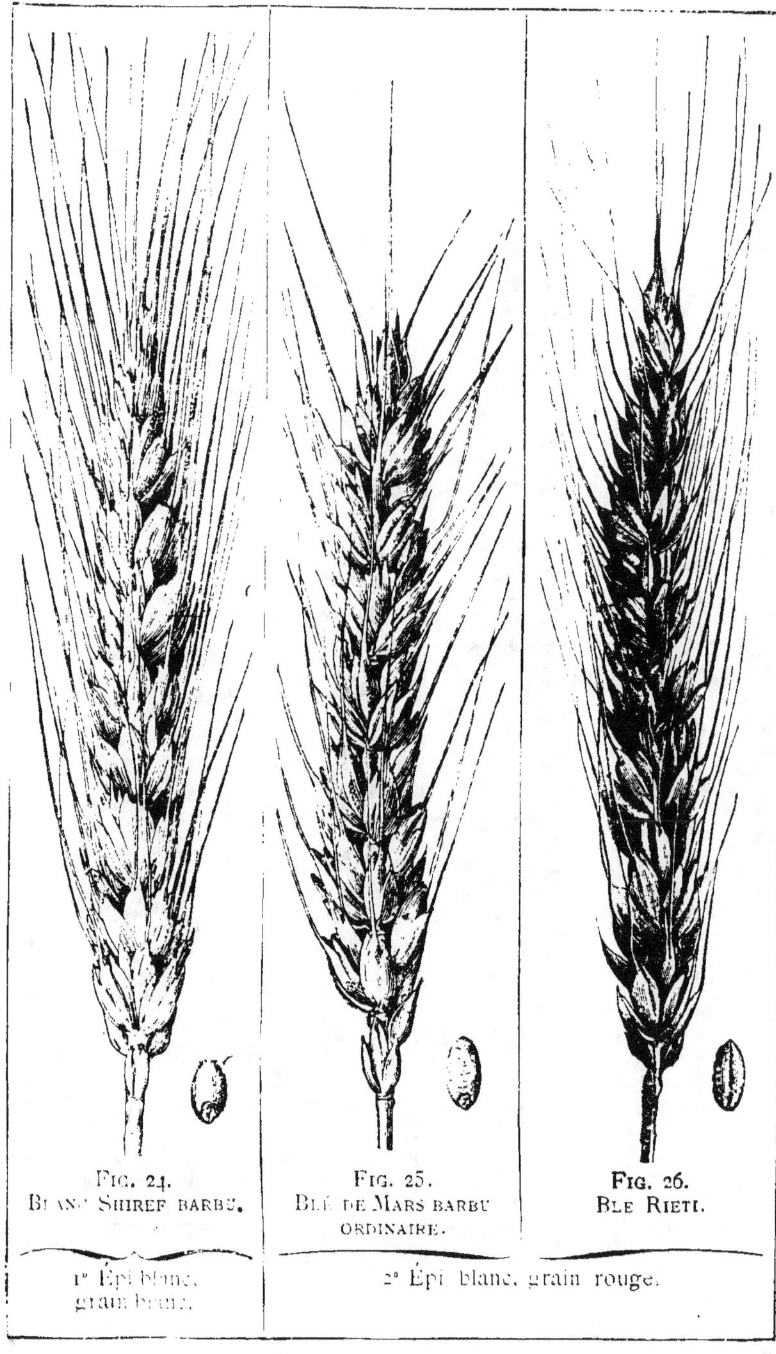

FIG. 24.
BLANC SHIREF BARBU.

FIG. 25.
BLÉ DE MARS BARBU
ORDINAIRE.

FIG. 26.
BLE RIETI.

1° Épi blanc,
grain brun.

2° Épi blanc, grain rouge.

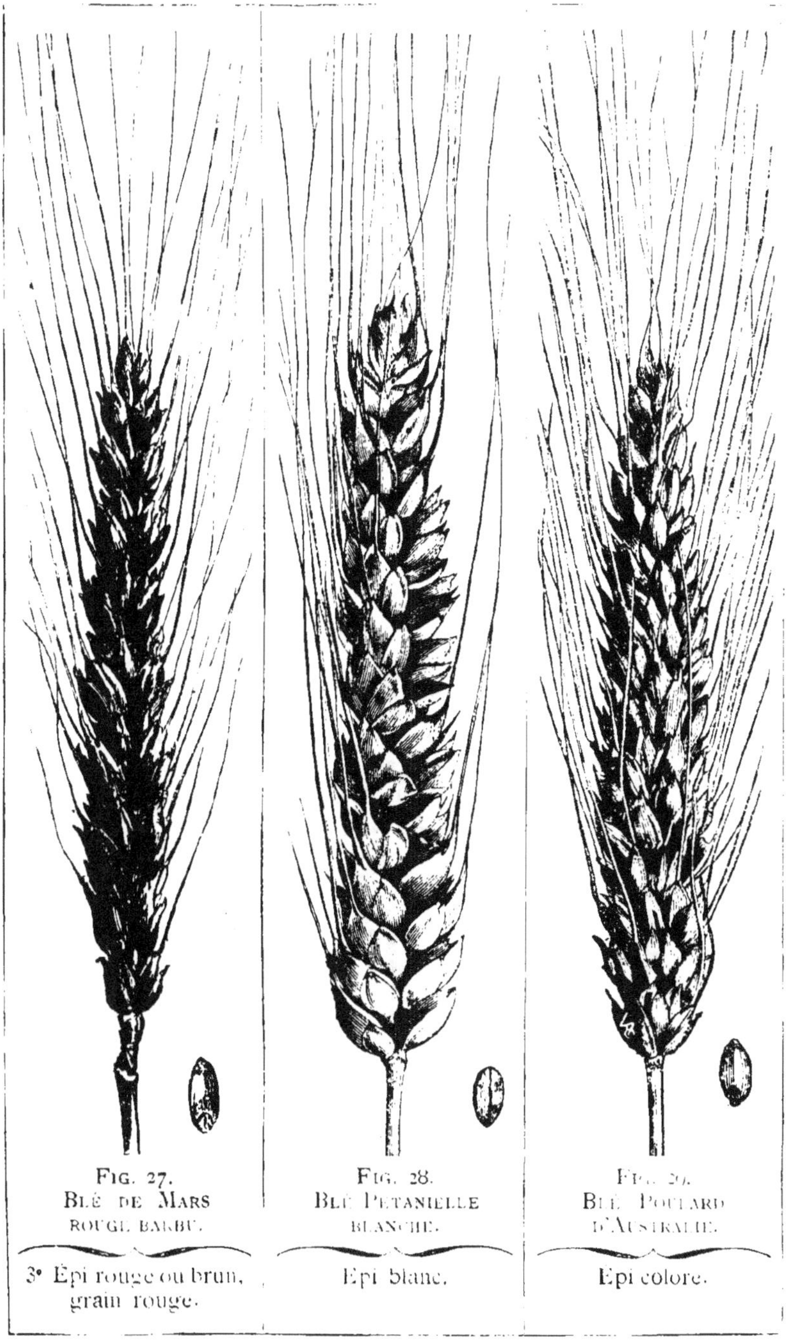

FIG. 27.
BLÉ DE MARS
ROUGE BARBU.

FIG. 28.
BLÉ PÉTANIELLE
BLANCHE.

FIG. 29.
BLÉ POULARD
D'AUSTRALIE.

3° Épi rouge ou brun, grain rouge.

Épi blanc.

Épi coloré.

FIG. 30.
BLÉ XÉRÈS.

FIG. 31.
BLÉ MÉDÉAH.

FIG. 32.
ÉPEAUTRE BLANC,
SANS BARBES.

Épi blanc.   Épi coloré.   Épi sans barbes.

FIG. 33.
ÉPEAUTRE BLANC,
BARBU.

Épi barbu.

FIG. 34.
BLÉ AMIDONNIER,
BLANC.

FIG. 35.
BLÉ ENGRAIN COMMUN.

1° **BLÉS TENDRES** (*Triticum sativum* L.).

Caractérisés par la consistance farineuse et non cornée de leurs grains. Pâte creuse ou demi-creuse. Dans cette classe se rencontrent les variétés qui s'élèvent aux altitudes les plus hautes.

Blés sans barbes.

VARIÉTÉS	SYNONYMIE	PAILLE	ÉPI	GRAIN	SOL LUI CONVENANT	TALLAGE	MATURITÉ	RÉSISTANCE A L'HIVER	RÉSISTANCE A L'ÉCHAUDAGE	RÉSISTANCE A LA ROUILLE	RÉSISTANCE A LA VERSE	ÉPOQUE DU SEMIS	FARINE P. 100 DE BLÉ (D'APRÈS DE VILMORIN)	GLUTEN P. 100 DE LA FARINE (DE VILMORIN) Humide	GLUTEN Sec	OBSERVATIONS
1° Épis blanc, grain blanc																
Blanc de Flandre.	De Bergues	Blanche, longue, creuse	Lisse, très beau, presque carré	Long et gros	Fertilité moyenne	Très bon	1/2 hâtive	Bonne	Méd.	Mauvaise	Mauvaise	Automne				
Blanc de Boxgru.	Blé Chevallier	Hauteur moyenne, blanche	Carré, court, compact	Court, bonne qualité	Légers, calcaires	Tr. b.	1/2 hât.	B.	A. b.	Mauv.	A. b.	Aut.				
Blanc de Madbeuil.	Blanc à paille pleine	Souple, lourde, presque pleine, blanche	Effilé, raide, dressé long	Allongé, très beau	Moyens, hauds et calcaires	A. b.	1/2 hât.	B.	B.	Mauv.	A. B.	Aut.				
Bordeau.		Assez courte, blanche	Assez long, s'incline à la maturité	Gros, très beau	Moyens	A. b.	Hâtive	B.	B.	Un peu sensib.	Bonne	Aut.	72.1	34	11.25	Hybride du Chiddam a épi rouge et du Noé.
Chiddam de Mars		Blanche, fine, souple	Petit, lâche, mince, effilé	Petit, de très bel... quali...	Bons	Pass.	1/2 hât.			Bonne	Mauv.	Print.	70.2	40.9	13.9	
La Haye.	Tunstall	Blanche, courte	Velouté	Mince, sans...	Argileux calcaires	Pass.	Tardive	A. b.	Méd.	Assez sensib.	A. b.	Aut.				
Richelle blanche de Naples.		Très blanche, assez haute	Effilé, demi-long	Beau et... allongé	Argilo-calcaires	Mauvais	Tr. hât.	Mauv.	B.	Tr. m.	Mauv.	Aut. Pr.	70.3	39.1	13.10	
Roseau.		Droite, raide, hauteur médiocre, blanche	Compact, court	Gros, bien rempli, obtus aux deux extrémités	Riches	Mauvais	1/2 hât.	A. B.	A. b.	B.	Bonne	Aut.				
Talavera de Bellevue.		Blanche, fine	Effilé, mince, assez lâche	Long, très beau	Riches	Mauvais	Tr. hât.	Mauv.	Méd.	Mauv.	Mauv.	Aut. Pr.				
Victoria blanc.	Hallett's pedigree / White Victoria	Grosse, longue, creuse, blanche	Lisse, carré, dressé	De qualité médiocre, rempli bien plein	Franches	Bon	Tardive	Pas.	A. b.	Bonne	A. b.	Aut.				
De Zélande.		Longue	Lâche	Gros	Forts, riches	Mauvais	Tr. hât.	Mauv.	B.	Tr. m.	A. b.	Aut. Pr.	71	35.1	11.50	
Briquet jaune.		Moyenne, droite, ferme et raide, blanche	Carré, serré sans être compact, non renflé	Jaune, assez renflé	Franches	Moyen	1/2 hât.	A. b.	B.	Bonne	Bonne	Aut.	75.5	29.88	9.54	Hybride du du Chiddam d'aut. à épi blanc.
2° Épis blanc, grain jaune ou rouge																
Gros bleu.		Blanche, courte, pleine et dure	Épais	Rougeâtre, coc... gros	Moyens	Mauvais	Tr. hât.	A. b.	B.	As. b.	Bonne	Aut. Pr.	70.5	43.73	13.04	Dérive du Noé.
Hicklin.	Du Mesnil St Firmin	Hauteur moyenne, blanche assez raide	Compact, élargi	Blanc jaunâtre, court, renflé, mauvaise qualité	Sains et calcaires	Tr. b.	Tardive	B.	Mauv.		A. b.	Aut.				
Hybrida Champlan.		Forte, blanche	Compact	Rouge, gros	Bonne terre	Tr. b.	1/2 hât.	A. b.	A. b.	As. b.	Bonne	Aut.	70.4	36.86	12.17	Hybride du Victoria bl. et du Chiddam a épi rouge.
Hybride grosse tête.		De grosseur moyenne, ferme, raide, blanche	Compact, ramassé, arêtes a son sommet	Jaune, renflé au...	Riches	Bon	Tardive	B.	Méd.	As. b.	Bonne	Aut.	74.2	28.60	9.66	H. du Browick et du Chiddam a épi blanc.
Hybride de Massy.		Moyenne et raide, blanche	Carré, compact	Moyen, jaune	As. riches et frais		1/2 hât.		A. B.		Bonne	Aut.	70.9	33	9.64	P. d'épi carré et Bordeaux.
Hybride de Trésor.		Droite, haute et forte	Carré, pyramidal, effilé au sommet	Gros, plein, jaune	Moyens	Bon	Hâtive	B.	B.	As. b.	Bonne	Aut.	74.3	40.3	13.42	Hybride du gros bleu et du blanc de Flandre.
Japhet.	Blé Dieu	Blanche, courte, pleine et dure	Gros	Gros, beau, rouge	Moyens	Mauvais	Tr. hât.	A. b.	B.	As. b.	Bonne	Aut. Pr.	72.9	33.73	11.38	Dérive du Noé.
De Mars sans barbes.		Raide, courte, creuse	Dressé, moyen, carré a la base	Petit, allongé	Légers	Mauvais	Hâtive					Print.				

Blés sans barbes.

Blés sans barbes (*Suite*).

VARIÉTÉS	SYNONYMIE	PAILLE	ÉPI	GRAIN	SOL LUI CONVENANT	TALLAGE	MATURITÉ	RÉSISTANCE À L'HIVER	RÉSISTANCE À L'ÉCHAUDAGE	RÉSISTANCE À LA ROUILLE	RÉSISTANCE À LA VERSE	ÉPOQUE DE SEMIS	FARINE P. 100 DE BLÉ (D'APRÈS DE VILMORIN)	GLUTEN P. 100 DE FARINE (DE VILMORIN) Humide	Sec	OBSERVATIONS
2° Épi blanc grain jaune ou rouge (Suite)																
De Noë	Blé bleu	Blanche, courte, grosse et raide, mi-pleine	Plat, élargi, assez lâche	Jaune gris, court, obtus, renflé, plein	Moyens	Mauvais	Tr. hât.	A. b.	B.	Tr. m.	Bonne	Aut. Pr.	71.5	36.93	11.51	
Saumur de Mars	De Mars de Brie	Courte, mince, droite	Moyen, aplati, dressé, légèrement effilé	Rouge pâle	Peu exigeant	Moyen	Hâtive		B.			Print.	72.3	34.8	12.9	
Schirreff's Squarehead	Blé à épi carré	Blanche, courte, droite, très raide, creuse	Carré, compact, muni d'arêtes	Jaune ou rougeâtre, ... assez court, plein	Argileux	Tr. b.	Tardive	B.	Mauv.	Bonne	Tr. b.	Aut.	72.2	30.66	10.55	
Touzelle Anone		Haute, ferme, creuse, blanche	Recourbé, effilé, long, lâche	Tendre, allongé, mince			Tr. hât.	Mauv.				Aut.				
Hybride de Bon Fermier		Moyenne, ferme et rigide	Demi-lâche, assez allongé	Gros et plein	De fertilité moyenne	Moyen	hâtive	B.	B.	Tr. b.	Tr. b.	Aut.				Hybr. sorti du gros bleu et du blé seigle.
Hybride hâtif inversable		Courte et raide	Moyen, aristé au sommet	Gros et plein au ...	De fertilité moyenne	Moyen	très hâtive	B.	B.		Bonne	Aut. et Print.				
Hybr.-hâtif Rimpeau		Blanche, assez-fine, raide	Très compact, carré	Rougeâtre, assez long et plein	De fertilité moyenne	Tr. b	Hâtive	B.		Tr. b.	A. b.	Aut.				
3° Épi fauve grain blanc																
Odessa sans barbe	Richelle de Trignon / Richelle de Mars	Fine, de hauteur moyenne, demi-pleine et un peu grêle	Moyen, assez élargi	Bien plein, très beau et gros	Légers, calcaires		1/2 hât.	A. b.			Mauv.	Aut. Pr.				Cultivé dans le Midi.
4° Épi fauve grain jaune ou rouge																
Saumur d'automne	Gris de St-Laud	Forte, haute, droite, un peu dure	Gros, pyramidal	Rouge, gris, ... lâche, noire, très germ...	Riches	Mauvais	Hâtive	A. b.	A. b.	Tr. m.	Bonne	Aut.				
Victoria d'automne	Kessingland	Haute, grosse, forte, creuse	Grand, large, aplati	Jaune rougeâtre, gros, oblong, renf...	Riches	Bon	Tardive	B.	Mauv.	Bonne	Bonne	Aut.	70.80			
Hallett	Victoria amélioré															
5° Épi rouge grain blanc																
Chiddam d'automne à épi rouge		Blanche, droite, ferme, peu élevée, assez fine	Légèrement aplati, souvent courbe	Arrondi, court, très plein	Forts, calcaires	Tr. b.	1/3 hât.	A. b.		Tr. b.	Bonne	Aut.				
Datel		Blanche, belle	1/2 compact, presque carré	Gros, court	Riches	Tr. b.	1/2 hât.	A. b.	B.	Tr. b.	Bonne	Aut.	71.5	33.60	10.5	Croisement du Prince Albert et du Chiddam d'automne à épi rouge.
Red Chaff Danizick		Blanche, droite	Droit carré	Court, ... renflé, ... quatre...	Riches	Tr. b.	Tardive	B.	A. b.	Bonne	Bonne	Aut. Pr.				
Rousselin		Blanche, haute et droite	Long, assez lâche, droit ou courbe	Gros, long, beau, lourd	Calcaires et chauds	Mauvais	Hâtive	A. b.	A. b.	Tr. m.	Mauv.	Aut. Pr.				
6° Épi rouge grain rouge																
D'Altkirch	Rouge d'Alsace	Raide, ferme	Mince, effilé et dressé	Allongé, lourd	Argileux compacts	Moyen	Hâtive	T. b.	B.	Pas.	A. b.	Aut.				
De Bordeaux	Rouge inversable	Blanche, moyenne, forte et souple, demi-pleine	Assez long, souvent recourbe, teinte glauque	Gros, assez court, lourd et ... plein	Moyennes franches	Mauvais	Hâtive	A. b.	B.	Tr. m.	Bonne	Aut. Pr.	71.	33	11.3	
Blé-seigle (velu)	Roux grillé	Blanche, haute et velue, très mince, souvent courbe	Long, légèrement vela, très mince	Allongé, mince, maigre	Maigres et pauvres	Mauvais	Hâtive	B.	Mauv.	Pas	Mauv.	Aut. Pr.	71.0	37.23	10.2	
Carré de Sicile		De haute-moyenne, blanche, droite et raide	Court et compact	Très court, obtus aux deux extrémités, d'apparence presque glacée	Légers et calcaires		Tr. hât.		B.			Print.				

Blés sans barbes (Suite).

VARIÉTÉS	SYNONYMIE	PAILLE	ÉPI	GRAIN	SOL LUI CONVENANT	TALLAGE	MATURITÉ	RÉSISTANCE A L'HIVER	RÉSISTANCE A L'ÉCHAUDAGE	RÉSISTANCE A LA ROUILLE	RÉSISTANCE A LA VERSE	ÉPOQUE DU SEMIS	FARINE P. 100 DE BLÉ D'APRÈS DE VILMORIN	GLUTEN HUMIDE	GLUTEN SEC	OBSERVATIONS
(6e Épi rouge grain rouge — Suite) Browick		Rougeâtre, grosse courte, très ferme	Carré, ramassé, en forme de massue	Moyen, peu renflé	Sains, bien fumés	Tr. b.	Tardive	A. b.	Méd.	Mauv.	Bonne	Aut.	73.8	29.4	16.17	
Hérisson sans barbes		Grosse, droite, raide, de hauteur moyenne	Très compact, court et gros	Court, renflé, presque glacé	Moyens	....	1/2 hât.	....	B.	Pas.	T. b.	Print.				
Lamed		Creuse longue, blanche	Moyen	Bonne qualité, gros, très plein	Redoute les terres compactes	Mauvais	1/2 hât.	A. b.	B.	Bonne	Bonne	Aut.				Croisement du Prince Albert et du Noé.
De Mars rouge sans barbes		Assez haute et forte, souple, très creuse	Très lâche, très mince, très effilé	Allongé, très mince, demi-glacé	Maigres	Mauvais	Tardive	....	B.	....	Mauv.	Print.	73.4	17.6	15.06	
Prince Albert	Albert's red Wheat	Grosse, longue, forte, raide	Large, long	Gros, rarement très plein	Riches	Tr. b.	Tardive	B.	Mauv.	Tr. m.	Mauv.	Aut.				
Rouge d'Écosse	Goldendrop	Forte, souple, de haute moyenne	Assez long, légèrement aplati	Plein, lourd, petit	Moyens	Tr. b.	Tardive	B.	Mauv.	Tr. b.	Bonne	Aut.	72.9	31.50	10.22	
Rouge de Hongrie	Blé Petit	Haute, droite, ferme, blanche	Demi-compact, renflé sur le milieu et pointu	Plein, alb.age	Mauvais	A. b.	....	B.	Méd.	Bonne	A. b.	Aut.				
Rouge de Saint Laud		Blanche, grosse, courte, droite, très raide	Gros, carré, court, compact	Gros, demi-glacé, bonne qualité	Riches	Mauv.	Hâtive	Mauv.	A. b.	Tr. m.	Bonne	Aut. Pr.				
Spalding		Haute, droite, forte et raide	Dressé, très droit, assez long et pointu	Long, assez effilé	Argileux frais	Tr. b.	Tardive	A. b.	Mauv.	Pas.	A. b.	Aut.				
Touzelle rouge de Provence	Touzelle rouge	Blanche, souple, de hauteur moyenne	Aplati, assez long	Long, effilé, petit, demi-glacé	Sains, riches en calcaire	Mauv.	Tr. hât.	A. b.	Méd.	Tr. m.	Mauv.	Aut. Pr.				
Tiverson		Rouge, moyenne, ferme	Carré, compact, un peu effilé	Rouge grisâtre, plein et renflé	Riches, moyens	A. bon	1/2 hât.	A. b.	B.	Bonne	Bonne	Aut.				

Blés barbus.

VARIÉTÉS	SYNONYMIE	PAILLE	ÉPI	GRAIN	SOL LUI CONVENANT	TALLAGE	MATURITÉ	RÉSISTANCE A L'HIVER	RÉSISTANCE A L'ÉCHAUDAGE	RÉSISTANCE A LA ROUILLE	RÉSISTANCE A LA VERSE	ÉPOQUE DU SEMIS	FARINE P. 100 DE BLÉ D'APRÈS DE VILMORIN	GLUTEN HUMIDE	GLUTEN SEC	OBSERVATIONS
(1re Épi blanc grain blanc) Blé blanc Shirreff		Blanche, haute, droite et forte	Long, carré, légèrement pyramidal, barbes blanches	Assez allongé, très beau	De qualité moyenne	Tr. b.	Tardive	B.	....	....	A. b.	Aut.				
De Mars barbu ordinaire		De hauteur moyenne, fine, assez forte	Demi-compact, légèrement aplati	Bien plein, de grosseur moyenne, demi-glacé	Médiocre, climats secs	....	....	....	....	....	A. b.	Print.	71	35.4	11.74	
Victoria de Mars	Blé de toujours	De hauteur moyenne, assez forte et souple	Aplati, effilé, à barbes divergentes	Moyen, demi-glacé, pas très plein								Print.				S'égrène facilement.
De Rieti		De hauteur moyenne	Long et aplati	Presque carré, gros, allongé, lourd, demi-glacé	Moyens	Mauv.	Tr. hât.	A. b.	B.	Tr. b.	Mauv.	Aut.				S'égrène facilement.
(2e Épi blanc grain rouge) Rouge barbu d'automne	Blé rouge barbu de la Manche	Blanche, haute, forte, très droite	Brun, un peu aplati	Moyen, bien plein et lourd	Alluvions légers et sains	A. b.	Hâtive	T. b.	B.	Tr. b.	B.	Aut.				S'égrène facilement.
Hérisson	Hérisson brun	Fine, souple, de hauteur médiocre	Compact, court	Petit, comit, renflé, très lourd, très plein	Médiocres, sablonneux, calcaires	Mauv.	Hâtive	B.	B.	B.	Mauv.	Aut. Pr.				
(3e Épi rouge grain rouge) De Mars rouge barbu	Blé de mai	Très creuse, de hauteur moyenne, assez forte	Rouge pâle, légèrement aplati, assez lâche, effilé	Allongé, mince, demi-glacé	Peu fertiles	....	Tr. hât.	....	....	B.	B.	Print.	70.77	35.4	12.28	

2° BLÉS POULARDS (*Triticum turgidum L.*).

Caractérisés par leurs épis gros, carrés et lourds. Le grain est renflé, pour ainsi dire bossu; de qualité généralement inférieure à celle des blés tendres. La paille est forte généralement pleine au voisinage de l'épi qui est barbu. Ces blés sont rustiques, un peu tardifs, ne se sèment qu'à l'automne.

	VARIÉTÉS	SYNONYMIE	PAILLE	ÉPI	GRAIN	SOLS LUI CONVENANT	TALLAGE	MATURITÉ	RÉSISTANCE À L'HIVER	RÉSISTANCE À L'ÉCHAUDAGE	RÉSISTANCE À LA ROUILLE	RÉSISTANCE À LA VERSE	ÉPOQUE DU SEMIS	OBSERVATIONS
ÉPI BLANC	POULARD BL. LISSE	De Taganrock	Haute, forte, pleine et dure	Carré, pyramidal, assez long, muni de fortes barbes	Jaune ou rougeâtre, demi-glacé, assez plein, de qualité médiocre	Médiocres calcaires	Très bon	. . . .	A. bonne	. . . .	. . . .	Bonne	Automne	
	PÉTANIELLE BLANCHE	Hybride Gulland	Haute, grosse et forte, dure, demi-pleine	Aplati à la base, presque carré vers la pointe, à barbes blanches	Gros, très beau, légèrement bossu, quelquefois taché de noir près du germe	Alluvions argilo-calcaires	Mauv.	. . . .	A. b.	. . . .	. . . .	Médiocre	Automne	
ÉPI COLORÉ	NOISETTE DE LAUSANNE	De la Mecque	Pleine, grosse, haute et forte, assez dure	Rouge, légèrement velu, carré à barbes rousses et longues	Rouge ou jaune rougeâtre, gros, court, plein	Forts, humides	. . . .	. . . .	Bonne	. . . .	. . . .	T. bonne	Automne	
	POULARD D'AUSTRALIE	Poulard bleu	Pleine, haute, forte, assez fine	Carré, velu, gris	Jaune ou rougeâtre, assez allongé, bien plein, à peine bossu	Argileux froids	Très bon	Très tardive	Bonne	Médiocre	Bonne	T. bonne	Automne	
	PÉTANIELLE NOIRE DE NICE	. . . .	Pleine, grosse, haute et forte	Long et large, aplati, gris, noirâtre, barbes noires	Court, gros, jaune rougeâtre, tendre ou glacé	Riches	. . . .	Très tardive	T. mauv.	Médiocre	. . . .	. . . .	Automne et Print.	Cultivé dans le Midi
	POULARD BLANC VELU DE TOURAINE À GRAIN ROUGE	. . . .	Pleine et souple	Velu, presque carré, dressé, long, barbes longues	Roux, glacé à cassure un peu farineuse	Riches	. . . .	Très tardive	Passable	. . . .	. . . .	. . . .	Automne et Print.	
	POULARD ROUGE LISSE DU GATINAIS	. . . .	Pleine et dure	Glabre, dressé, aplati, rouge ou rouge-brun, barbes rousses	Gros, anguleux, jaune, roux ou rouge, demi-tendre	. . . .	. . . .	. . . .	. . . .	. . . .	. . . .	. . . .	Automne	

3° BLÉS DURS (*Triticum durum Desf.*).

Conviennent aux pays chauds et secs. Ils ont le grain allongé et pointu, de consistance cornée et la cassure vitreuse. La paille est fine, pleine. Ce sont des blés barbus.

	VARIÉTÉS	SYNONYMIE	PAILLE	ÉPI	GRAIN	SOLS LUI CONVENANT	TALLAGE	MATURITÉ	RÉSISTANCE À L'HIVER	RÉSISTANCE À L'ÉCHAUDAGE	RÉSISTANCE À LA ROUILLE	RÉSISTANCE À LA VERSE	ÉPOQUE DU SEMIS	OBSERVATIONS
ÉPI BLANC	XÉRÉS	. . . .	Pleine, blanche, de hauteur moyenne, assez forte	Compact, barbes blanches ou grises, très longues et très fortes	Allongé, gros, glacé, rouge pâle	. . . .	. . . .	T. m.	. . . .	. . . .	. . . .	. . . .	Automne et Print.	Algérie
ÉPI COLORÉ	HOLOTOURKA	. . . .	Assez fine, de hauteur moyenne, souple, pleine	Rosé, assez long et effilé, barbes longues et fortes	Long, mince, pointu, blond et corné	. . . .	. . . .	T. m.	. . . .	. . . .	Bonne	. . . .	Automne et Print.	
	MÉDÉAH	Taganrock noire	Pleine, courte, dressée	Moyen, presque noir, barbes noires, longues	Glacé, blond, assez allongé	. . . .	. . . .	T. m.	. . . .	. . . .	. . . .	. . . .	Automne et Print.	Cultivé en Afrique

A ce groupe on peut rattacher le blé de *Pologne* (*Triticum polonicum. L.*).

4° ÉPEAUTRES OU BLÉS VÊTUS

4° ÉPEAUTRES OU BLÉS VÊTUS

Se différencient des autres blés par l'adhérence des balles au grain. Ils se divisent en trois groupes : les épeautres proprement dits : les amidonniers ; les engrains.

VARIÉTÉS	SYNONYMIE	PAILLE	ÉPI	GRAIN	SOLS LUI CONVENANT	TALLAGE	MATURITÉ	RÉSISTANCE À L'HIVER	RÉSISTANCE À L'ÉCHAUDAGE	RÉSISTANCE À LA ROUILLE	RÉSISTANCE À LA VERSE	ÉPOQUE DU SEMIS	OBSERVATIONS

1° Épeautres proprement dits — Ils ont un epi long, mince et lâche. *(Triticum spelta L.)*. Les épillets sont espacés. Paille très creuse.

VARIÉTÉS	SYNONYMIE	PAILLE	ÉPI	GRAIN	SOLS LUI CONVENANT	TALLAGE	MATURITÉ	RÉS. À L'HIVER	RÉS. À L'ÉCHAUDAGE	RÉS. À LA ROUILLE	RÉS. À LA VERSE	ÉPOQUE DU SEMIS	OBSERVATIONS
ÉPEAUTRE BLANC SANS BARBES		Blanche, souple, très creuse, de hauteur moyenne	Blanc, effilé et lâche	Rouge pâle allongé	Maigres	Très bon		A. b.			T. b.	Automne	Les épeautres ne sont presque plus cultivés.
ÉPEAUTRE BLANC BARBÉ		Longue, creuse, blanche	Effilé, mince et long, barbes courtes	Rouge pâle, cassure cornée	Maigres	Bon		M.				Automne	
ÉPEAUTRE NOIR BARBÉ		Longue, creuse, blanche	Barbu, très lâche, long, mince, un peu velu, gris	Long, mince, rouge, corné	Maigres	Bon		T. m.				Printemps	

2° Amidonniers — Ici les épillets sont serrés sur l'axe. *(Triticum amyleum, Seringue)*. Tous ces blés sont barbus.

VARIÉTÉS	SYNONYMIE	PAILLE	ÉPI	GRAIN	SOLS LUI CONVENANT	TALLAGE	MATURITÉ	RÉS. À L'HIVER	RÉS. À L'ÉCHAUDAGE	RÉS. À LA ROUILLE	RÉS. À LA VERSE	ÉPOQUE DU SEMIS	OBSERVATIONS
AMIDONNIER BLANC		Blanche, creuse, douce, ferme	Blanc, régulier, barbes courtes	Rougeâtre, triangulaire, cassure cornée	Très maigres	Très bon	Hâtive	M.				Printemps	
AMIDONNIER NOIR		Assez haute, blanche, droite, ferme	Aplati, dressé, gris foncé, barbes assez fortes	Vêtu, rougeâtre, tendre	Très maigres	Très bon	1/2 hâtive	B.				Automne	

3° Engrains — La paille est très dressée, raide, mince. Les nœuds velus. Les épis très plats. *(Triticum monococcum L.)*. L'épillet ne contient généralement qu'un seul grain.

VARIÉTÉS	SYNONYMIE	PAILLE	ÉPI	GRAIN	SOLS LUI CONVENANT	TALLAGE	MATURITÉ	RÉS. À L'HIVER	RÉS. À L'ÉCHAUDAGE	RÉS. À LA ROUILLE	RÉS. À LA VERSE	ÉPOQUE DU SEMIS	OBSERVATIONS
ENGRAIN COMMUN	Petit épeautre	Creuse, courte, raide dressée, fine	Barbu, roux clair, très aplati et régulier, barbes fines	Vêtu, petit, corné mais tendre	Très mauvais	Très bon	Tardive	T. b.				Automne	

CHAPITRE III

COMPOSITION DU BLÉ

4. Les différents produits que fournit le blé après la récolte. — Ces produits sont : le *grain*, la *paille* et les *balles*; il reste dans le champ le *chaume* et les *racines*.

Les proportions que ces produits ont entre eux sont très variables, elles dépendent d'un grand nombre de circonstances. C'est ainsi que les blés semés à l'automne donnent plus de paille par rapport au grain que ceux semés au printemps. Les blés qui viennent sur les terres sèches donnent moins de paille que sur les sols frais. Dans les pays chauds la proportion de paille est moins élevée que dans les contrées tempérées et humides. Les semis clairs donnent moins de paille que les semis épais. La proportion varie aussi d'une année à l'autre; suivant les variétés et les engrais employés.

Les engrais phosphatés augmentent la proportion du grain, tandis que les engrais azotés la diminuent.

La *proportion du grain à la paille* serait, en Beauce, d'après M. Garola, qui a fait des observations sur un grand nombre de variétés, de 51,70 pour 100. Nous avons trouvé à Gennetines une moyenne de 55.86 de grain pour 100 de paille.

Le *rapport des balles* ou *menues pailles à la paille* dépend surtout des variétés, en moyenne il est de 18 pour 100.

Quant à la proportion des chaumes à la récolte, elle est très variable : elle dépend de la façon dont on opère cette récolte. D'après M. de Gasparin, si l'on coupe à la faux, le chaume est à la paille comme 27 est à 100; pour la récolte engrangée, le rapport serait de 14.8 pour 100.

La *proportion des racines* à la récolte est, au moment de la maturité, de 17 pour 100 environ.

Pour l'épeautre, 100 kilogrammes de récolte, d'après Schwerz, comprennent :

Paille	58
Grain	33
Écales	7.8
Déchets	1.2
Total	100.0

5. Le grain. — Le grain de blé varie beaucoup dans sa forme, ses dimensions, sa texture et sa couleur : il varie aussi comme valeur industrielle.

Le poids de l'hectolitre est compris entre 74 et 80 kilogrammes.

M. Garola a obtenu, pour trente-neuf variétés, les moyennes suivantes :

```
Poids du litre. . . . . . . . . . . . . . . . . . . .  763 grammes.
Poids de mille grains . . . . . . . . . . . . . . .  41 gr. 5
Volume réel de mille grains . . . . . . . . . . .  31 cc. 3
Volume des grains contenus dans un litre . .  570 cc. 9
Densité. . . . . . . . . . . . . . . . . . . . . . . .  1,335
Milliers de grains par litre. . . . . . . . . . . .  18,4
    —         —         kilogr. . . . . . . . . .  24,1
```

Quand on considère une même variété le volume du grain caractérise sa qualité. Les grains provenant de blés échaudés, mal venus, rouillés, etc., sont ridés et ne sont jamais volumineux. Le commerce recherche les blés qui donnent un poids élevé à l'hectolitre. Plus le grain est petit, plus pèse l'hectolitre.

Le poids de l'hectolitre varie non seulement suivant les variétés, mais aussi suivant les années : ce sont les années sèches qui donnent les grains les plus lourds. Les engrais, au point de vue du poids agissent beaucoup moins. D'après les expériences de Rothamsted c'est le fumier de ferme puis l'engrais minéral phosphaté et potassique additionné de sels ammoniacaux qui donnent le plus fort poids à l'hectolitre.

Composition du grain de blé. — Boussingault attribue au grain de blé la composition moyenne suivante :

```
Gluten . . . . . . . . . . . . . . . . . . . . . .  12,8 ⎫
Albumine. . . . . . . . . . . . . . . . . . . . .   1,8 ⎬ 14,6
Amidon . . . . . . . . . . . . . . . . . . . . . .  59,7 ⎫
Dextrine . . . . . . . . . . . . . . . . . . . . .   7,2 ⎬ 66,9
Graisse. . . . . . . . . . . . . . . . . . . . . .   1,2
Cellulose . . . . . . . . . . . . . . . . . . . . .   1,7
Sels minéraux . . . . . . . . . . . . . . . . . .   1,6
Eaux. . . . . . . . . . . . . . . . . . . . . . . .  14,0
                    Total. . . . . . . . . . . .  100
```

La composition du grain de blé est très variable : elle varie selon les espèces et les variétés. C'est ainsi que les blés durs sont plus riches en matières azotées que les blés tendres ; au contraire pour les substances amylacées ce sont les blés tendres qui sont les plus riches. Il paraîtrait que l'acide phosphorique dans le sol développe la production de l'amidon dans le grain et que cette augmentation est corrélative d'une diminution de l'azote.

En général plus long est le grain de blé, plus il est riche en gluten. La richesse en gluten d'une variété peut varier suivant les conditions extérieures de climat, de sol, de richesse de la terre, etc. Plus est rapide le développement du grain, plus il renferme de matières protéiques.

La cellulose dans les grains de blé se rencontre surtout dans l'enveloppe, qui formera le son, elle en contient environ 13 pour 100, tandis que la farine n'en renferme en moyenne que 1 2 pour 100. Il résulte de cela que, pour le même volume, plus un grain contiendra de cellulose plus la proportion de l'écorce, ou du son, sera grande. Pour une même variété ce sont les grains les plus volumineux qui possèdent le moins de cellulose. M. Garola indique que la proportion du son atteint environ cinq fois et demie celle de la cellulose.

D'après M. Pagnoul, les grains de blé les plus riches en azote sont en même temps les plus riches en acide phosphorique, mais il n'existe aucun rapport constant entre ces deux corps.

Pour l'influence des circonstances météorologiques et des engrais sur la composition du grain de blé, MM. Lawes et Gilbert ont constaté que les divers engrais exercent une action bien plus sensible sur la quantité que sur la qualité du produit. Les différences générales dans la composition et la qualité des produits s'accentuent bien autrement par les variations climatériques ou les saisons, que par les engrais.

L'homme n'utilise pour sa consommation que la farine provenant de la mouture du grain et débarrassée des parties indigestes de l'amande.

M. Aimé Girard a attribué à chaque partie constituante du grain de blé les proportions suivantes :

```
Amande. . . . . . . . . . . . . . . . . . . . . 84.21 pour 100.
Enveloppe. . . . . . . . . . . . . . . . . . . . 14,36     —
Germe. . . . . . . . . . . . . . . . . . . . . . 1,43      —
```

L'amande farineuse est constituée par des cellules contenant de l'*amidon* et du *gluten*. Cette dernière substance est azotée, elle est donc très nutritive. Ce sont les blés durs qui en renferment le plus.

Certaines parties du grain, voisines de l'enveloppe et riches en gluten s'écrasent difficilement, elles restent en petites masses qui peuvent être séparées, c'est le *gruau*. Le gruau écrasé donne la *farine de gruau* qui est grisâtre et très nutritive. Le gruau soumis à une demi-mouture donne la semoule, de laquelle on peut obtenir après diverses préparations, les pâtes alimentaires (vermicelle, macaroni, etc.)

L'enveloppe du grain est plus riche en azote que l'amande farineuse ; mais le son est à peu près inattaquable par l'appareil digestif humain (son coefficient de digestibilité n'est que de 6 à 7 p. 100), tandis qu'il l'est par celui des animaux herbivores.

Le son renferme la *céréaline*, ferment soluble qui, dans les farines, oxyde le gluten, ce qui lui communique une couleur brune. En enlevant le son on supprime la céréaline et on obtient par suite un pain très blanc.

Les sons se divisent en *gros son* et en *petit son* ou son fin.

D'après M. Balland, pour 100 parties de blé nettoyé on retire actuellement :

| | Mouture par cylindre. | Mouture par meules. | |
		Mouture basse.	Mouture haute.
Farine sur blé ou de premier jet. . .	18 à 20	45 à 50	18 à 20
Farine de gruaux	57 à 55	30 à 25	57 à 55
Farine de tous les passages réunis. .	75	75	75
Issues (sons et pertes).	25	25	25

Cent kilogrammes de farine donnent en moyenne 134 kil. 4 de pain. Pour l'épeautre, 100 kilogrammes de grain nu donnent en moyenne : Farine, 90 kilogrammes; son 8 kil. 7; déchet 1 kil. 3.

Pailles et balles. — Ces deux produits de la culture du blé jouent un rôle très important dans la ferme, ils peuvent entrer dans la ration des animaux et la paille fournit une excellente litière.

Voici leur composition immédiate moyenne :

	Paille.	Balles.
Eau	14,3	14,3
Matières azotées	2	4,5
— grasses	1,6	1,5
Substances non azotées	28,7	32
Cellulose brute.	49,2	35,7
Cendres	4,3	12

La digestibilité des pailles et des balles est faible.

La paille est une matière fertilisante très pauvre, elle contient en moyenne pour 1000, d'après M. Garola :

	Azote	Acide phosphorique	Potasse
Blé d'hiver.	7,5	6,1	6,4
Blé de Mars.	8,9	6,1	22,9

CHAPITRE IV

PLACE DU BLÉ DANS L'ASSOLEMENT
SOLS QUI CONVIENNENT AU BLÉ

6. Place du blé dans l'assolement[1]. — Le froment occupe dans les *rotations de culture* des places différentes. Dans l'*assolement biennal* il succède à la *jachère*. Dans le Nord existait l'assolement triennal : Jachère fumée, blé et avoine. Dans ces conditions le blé était très productif. On a substitué à cet assolement celui de quatre ans : plantes sarclées, céréales,

---

[1]. *La succession des cultures, combinée dans le but d'obtenir du sol les meilleurs résultats possibles sans l'affaiblir, s'appelle* ASSOLEMENT. L'ordre de succession porte le nom de *rotation des cultures*. La durée de rotation est le nombre d'années compris entre deux cultures d'une même plante sur une même parcelle ou *sole*. L'assolement est biennal quand la durée de rotation est de deux ans; triennal lorsqu'elle est de trois ans; quadriennal quand elle est de quatre ans, etc.

Voici quelques types d'assolement :

Assolement biennal.	*Assolement triennal.*
1re année : Jachère. 2° — : Céréale d'hiver.	1re année : Jachère. 2° — : Froment. 3° — : Avoine.
Autre assolement triennal.	*Assolement triennal flamand.*
1re année : Betterave à sucre ou colza (sole fumée). 2° — : Froment. 3° — : Avoine.	1re année : Plante sarclée fumée. 2° — : Céréale. 3e — : Plante fourragère (trèfle, etc.).
Assolement de 4 ans dit de Norfolk.	*Assolement de 7 ans de Grignon*
1re année : Turneps. 2° — : Orge. 3° — : Trèfle. 4° — : Froment.	1re année : Plante sarclée fumée. 2° — : Céréale. 3° — : Trèfle. 4° — : Froment. 5° — : Fourrage vert. 6° — : Colza fumé. 7° — : Froment.

trèfle et blé. Tous les autres assolements peuvent être ramenés à ceux-là.

Dans les terres argileuses, compactes, qui retiennent beaucoup l'eau, se durcissant sous l'influence de la sécheresse, par conséquent difficiles à ameublir, la jachère est indispensable pour la bonne réussite du froment. Dans ces terres, les amendements calcaires modifient avantageusement les propriétés physiques, et alors la jachère est moins nécessaire, elle peut être remplacée par une culture sarclée.

Les cultures sarclées (pommes de terre, betteraves, etc.), précèdent avantageusement le blé : après elles le sol est propre, mais elles ont l'inconvénient de reculer l'époque des semailles. Généralement les blés faits après ces plantes ne donnent pas beaucoup de paille, mais le rendement en grain est bon. Habituellement le fumier de ferme est mis pour les plantes sarclées, et le blé qui les suit utilise l'excédent de fumier laissé dans le sol, de cette façon on a moins à craindre la verse que lorsque le froment vient après une jachère fumée.

Après une culture fourragère comme les vesces, les pois gris, surtout s'ils n'ont pas été cultivés pour la graine, le blé réussit bien, le sol ayant eu le temps de recevoir différentes façons culturales.

Le *froment dans l'assolement est souvent précédé très avantageusement par* le trèfle. Ce dernier, dans une bonne terre moyenne, est rompu dix-huit mois après son semis. Dans ce cas, le labour doit avoir lieu au moins trois semaines avant la semaille, sans quoi la terre reste creuse et le blé se trouve dans de mauvaises conditions. Souvent aussi le trèfle n'est rompu que la deuxième année qui suit son semis, et cela lorsque le sol est infesté de plantes à rhizomes.

C'est ainsi qu'on procède dans l'Allier : une partie du trèfle qui a été conservé est remplacée par les plantes sarclées pendant la première année de l'assolement. (Cet assolement est de quatre ans : plantes sarclées et jachère; blé; avoine; trèfle.) Quant à l'autre partie, la plus grosse, elle est pâturée au printemps, puis labourée (menée de labours, comme on dit dans le pays) jusqu'en automne, époque à laquelle elle reçoit un blé.

Dans les sols siliceux, c'est après une prairie artificielle de plusieurs années que le blé vient le mieux.

Enfin, il n'est pas rare, dans les sols propres et très bons, de voir semer du froment après du froment ou du froment après de l'avoine.

Le froment semé après une avoine qui a succédé à un trèfle rompu vient bien lorsque le trèfle a réussi, car ce dernier a accumulé beaucoup d'azote dans le sol.

7. Sols qui conviennent au blé. — Le blé se rencontre dans la plupart des sols, on ne peut donc dire que tel ou tel terrain lui est spécial.

Le cultivateur ne peut pas toujours choisir les terres qu'il devra mettre en blé, aussi doit-il pouvoir apporter à son sol toutes les améliorations qui sont susceptibles d'accroître la production.

Profondeur du sol. — Les racines du blé atteignent généralement un développement bien plus grand qu'on ne se l'imagine, et si le sol ou le sous-sol sont suffisamment meubles et sains, elles peuvent atteindre d'assez grandes profondeurs; on en rencontre souvent à o m. 5o et au delà. C'est ainsi que, dans les situations très favorables, elles atteignent jusqu'à 2 mètres de longueur.

C'est principalement dans la couche superficielle que se rencontre le plus grand nombre de racines.

MM. A. Müntz et A.-Ch. Girard ont trouvé dans les différentes couches d'un sol léger de Joinville-le-Pont les poids suivants de radicelles sèches par hectare :

Couche arable de o à 25 centimètres.	921 kilog.
Sous-sol de 25 à 5o —	292 —
— 5o à 75 —	248 —
— 75 à 100 —	101 —
— 100 à 125 —	11o —
Total.	1672 kilog.

Dans la couche superficielle jusqu'à 25 centimètres, il y a donc eu 55 pour 100 de racines. M. Hellriegel a trouvé que 8o pour 100 des racines se développaient dans la couche arable proprement dite.

C'est dans le sol que le blé puise par ses racines l'eau et les éléments nutritifs qui lui sont nécessaires, aussi la profondeur où ces racines peuvent s'étendre a une grande influence sur les rendements. On peut suppléer dans une certaine mesure au manque de profondeur par l'apport d'*engrais* judicieux, mais au delà d'une certaine dose les éléments fertilisants peuvent nuire au rendement au lieu de le favoriser.

On rencontre dans la partie septentrionale de la France de très bonnes terres à blé qui n'ont que 3o centimètres de profondeur. M. de Gasparin estime que, pour le midi, une profondeur de o m. 5o est nécessaire.

Humidité du sol. — Le *degré d'humidité du sol* influe beaucoup sur le rendement en blé. D'après M. de Gasparin pour qu'un sol convienne à la culture du blé il ne faut pas qu'il retienne plus de 20 pour 100 d'eau, et que quinze jours avant la moisson il en contienne la quantité minimum de 10 pour 100 à 0 m. 33 de profondeur. Lorsque la quantité d'eau dépasse 20 pour 100, la sève est aqueuse, peu riche en principes utiles, la partie herbacée se développera aux dépens de la fructification ; dans le cas contraire, les principes nutritifs ne seront pas dissous, les feuilles évaporeront moins et l'ascension de la sève peut cesser, les plantes se fanent.

C'est pour cela, comme le dit M. de Gasparin, qu'il faut, pour la culture du froment, exclure dans les régions pluvieuses les glaises tenaces, les argiles, comme aussi dans les pays secs, les terrains sablonneux ou trop fortement calcaires, à moins que, dans ce dernier cas, ils ne soient naturellement frais, ou qu'ils puissent être arrosés.

Dans certains cas cependant, on peut rendre les terres humides et fortes propres à la culture du blé et cela en enlevant par le drainage l'eau surabondante ; les chaulages et marnages permettront la coagulation de l'argile. Dans les sols siliceux les engrais organiques, par l'humus qu'ils fournissent, les rendent moins perméables. Comme l'humus absorbe beaucoup d'eau, il entretient la fraîcheur dans ces terres.

Règle générale. — On peut dire que ni les *argiles compactes*, ni les *sols calcaires et siliceux* ne conviennent à la culture du blé. Les sols calcaires, sauf les sols crayeux, se soulèvent et le blé est déchaussé, ces mêmes sols et les sols siliceux retiennent une trop faible quantité d'eau ; dans les argiles compactes l'eau reste trop souvent sur le sol. Il faut cependant que le sol contienne suffisamment d'argile ; une bonne terre à blé doit en doser au moins 20 pour 100 et renfermer environ neuf milliards de grains par gramme (Milton Whitney).

C'est dans les terrains intermédiaires que l'on cultive le plus de froment. Les *terres argilo-calcaires* profondes lui conviennent surtout. Les *terrains argilo-siliceux*, quand on leur fournit le calcaire qui leur fait défaut, produisent de bonnes récoltes en blé.

Le blé est très cultivé dans les terrains crétacé et jurassique, pour le premier dans les parties marneuses, et pour le jurassique lorsqu'il y a de l'argile. Le limon des plateaux donne également de très belles récoltes en blé.

CHAPITRE V

LE BESOIN D'ENGRAIS DU BLÉ
FUMURES EMPLOYÉES

8. Exigence du blé en éléments fertilisants. — D'après M. Joulie les matières fertilisantes absorbées par une récolte de 40 hectolitres de blé (grains et pailles) sont les suivantes :

Azote	92 kg. 600
Acide phosphorique	37 kg.
Potasse	116 kg.
Chaux	25 kg. 200

M. Garola a trouvé qu'une récolte de 40 hectolitres (32 quintaux) renferme en moyenne dans ses grains, pailles et racines :

	Blé d'automne.	Blé de mars.
Azote	125 kg. 200	138 kg.
Acide phosphorique	75 kg. 600	74 kg.
Potasse	151 kg.	105 kg.
Chaux	61 kg.	62 kg.

9. Influence des éléments fertilisants sur le blé. — I. **Azote.** — L'azote favorise la végétation. il pousse à une plus grande production de feuilles. véritables laboratoires où se préparent les aliments de la plante.

Un excès d'azote. donné aux céréales sous forme d'engrais azoté. surtout d'engrais azoté rapide, comme le nitrate de soude. le sulfate d'ammoniaque. provoque la verse : les chaumes deviennent moins rigides. la production abondante des feuilles nuit à l'éclairement du pied. et la céréale se couche sur le sol avant la maturité. Aussi ne donne-t-on généralement la fumure azotée qu'aux plantes sarclées précédant la récolte des céréales.

Les engrais azotés. surtout ceux à action rapide, favorisent le développement des parties foliacées de toutes les plantes et des céréales en particulier. Si le sol manque d'acide phosphorique et que l'azote soit en grande quantité. on constate pour les céréales beaucoup de paille et peu de grains. Aussi les

cultivateurs disent quelquefois que les engrais azotés *poussent
à la paille*. Une certaine quantité d'acide phosphorique est
alors nécessaire pour la production du grain : « l'acide phosphorique est le correctif de l'azote. »

*Lorsque l'azote donné aux céréales sous forme d'engrais
azoté est employé trop tardivement. il favorise la formation de
nouvelles feuilles et de nouvelles pousses vertes en retardant la
maturité.* C'est ainsi que les grains de céréales ne sont pas
encore complètement mûrs lorsque les grandes sécheresses
arrivent, ils se dessèchent; cet accident porte le nom d'*échaudage*. On a remarqué aussi que les blés qui restent longtemps
verts après la floraison. par suite de l'emploi tardif d'engrais
azotés, sont attaqués plus facilement par un champignon. la
rouille : ce champignon pénètre d'abord dans les feuilles. puis
dans la tige et enfin dans les épillets dont les grains ne
peuvent ensuite pas mûrir.

II. Acide phosphorique. — D'après Garola, l'acide phosphorique favorise beaucoup le premier développement de la plante
et le tallage. « Il donne aux tiges une grande résistance à la
flexion, en permettant la formation d'un tissu cellulaire à parois
très épaisses; il combat donc la tendance à la verse qui est la
pierre d'achoppement de la culture intensive. Enfin il hâte très
sensiblement la maturation et diminue les risques d'échaudage
et de rouille. »

III. Potasse. — La potasse et la chaux sont les deux éléments
fertilisants absorbés avec le plus d'avidité par les céréales. Ce
sont aussi les éléments indispensables à la réussite du froment.
Leur abondance dans le sol est la condition primordiale de la
bonne venue de cette plante. On ne peut cultiver le blé avantageusement que dans les terres qui renferment du calcaire ou
dans celles qui ont été *chaulées* ou marnées.

« Le blé réussit toujours mieux dans les sols argileux. cons-
tamment riches en potasse. que dans les sols siliceux ou
calcaires dépourvus de cette substance. Dans les sols argilo-
calcaires. favorables au blé. le rendement dépend de l'acide
phosphorique et de l'azote » (Garola).

10. Utilisation des éléments fertilisants par le blé. — Les
différents éléments utiles au blé sont absorbés avec plus ou
moins d'intensité suivant certaines périodes du développement
de la plante.

C'est du tallage à la floraison que le blé a le plus besoin
d'avoir à sa disposition de grandes provisions de substances
assimilables.

Dans ses essais M. Garola a trouvé que, du 9 avril au 12 juin, le blé avait absorbé près de 60 pour 100 de son azote et de son acide phosphorique ; près de 81 pour 100 de sa chaux et 94 pour 100 de sa potasse. À ce moment la plante a donc un grand besoin d'engrais. On sait les bons résultats que donnent au printemps sur les blés chétifs les fumures en couverture, surtout celles qui sont solubles (nitrate de soude).

Plus l'absorption des éléments nutritifs est rapide, plus dans un sol donné il y aura nécessité de fumer fortement, et si cette absorption se localise en certaines périodes, au lieu d'être régulière, il y aura un besoin d'engrais d'autant plus fort, que la période sera plus courte.

La plante est d'autant plus exigeante en engrais, que l'absorption des éléments nutritifs se fait plus vite que la formation de la matière sèche. C'est ce qui a lieu pour le blé, du tallage à la floraison. Aussi pendant cette période la plante doit avoir à sa disposition suffisamment d'engrais assimilable et cela surtout à la formation de l'épi.

C'est la potasse et la chaux qui sont absorbées avec le plus d'avidité. Ces éléments sont indispensables à la réussite du blé.

L'assimilation se fait plus vite chez le blé de mars que chez celui d'automne. Les besoins d'engrais du blé de mars sont plus grands que ceux d'hiver, le premier devant absorber les éléments nutritifs qui lui sont nécessaires dans un temps plus court, et cela avec un appareil d'assimilation plus faible. L'appareil radiculaire étant plus faible chez le blé de mars, il résiste moins aux sécheresses que le blé semé de bonne heure à l'automne.

11. Les terres et les éléments qu'elles contiennent. — Nous venons de voir que les éléments nécessaires au blé pour vivre et se développer sont principalement : l'*azote*, l'*acide phosphorique*, la *potasse*. Nous allons examiner dans quelle proportion le sol contient ces aliments ; nous pourrons ensuite en déduire quels sont ceux que nous devons ajouter pour subvenir aux besoins du blé, par conséquent quels sont les *engrais* que nous devons apporter au sol.

Mettre dans le sol un engrais pour fournir un principe qui y existe déjà en quantité suffisante, c'est faire des frais inutiles. C'est donc la composition du sol qui règle l'emploi de l'engrais.

On admet qu'une terre a une *richesse alimentaire satisfaisante* en azote, en acide phosphorique et en potasse lorsqu'elle contient pour 1000 grammes de terre : 1 gramme d'azote, 1 gramme d'acide phosphorique, 2 grammes de potasse.

Au point de vue de la richesse en azote, acide phosphorique, potasse, les agronomes classent les terres de la manière suivante :

	Azote.	Acide phosphorique.	Potasse.
Terres très pauvres,			
Celles qui contiennent moins de	0 gr. 5	0 gr. 5	1 gr.
Terres pauvres,			
Celles qui contiennent moins de	0 gr. 5 à 1 gr.	0 gr. 5 à 1 gr.	1 gr. à 2 gr.
Terres moyennement riches,			
Celles qui contiennent moins de	1 gr.	1 gr.	2 gr.
Terres riches,			
Celles qui contiennent de. . . .	1 à 2 gr.	1 à 2 gr.	plus de 2 gr.
Terres très riches,			
Celles qui contiennent plus de .	2 gr.	2 gr.	"

En admettant qu'une terre pauvre ait une couche arable de 30 centimètres de profondeur, on calcule facilement qu'elle contient par hectare[1] :

        1800 kilogrammes d'azote.
        1800   —   d'acide phosphorique.
        2500   —   de potasse.

Cependant le blé, ainsi que nous l'avons vu, n'absorbe en moyenne par hectare que 92 kilogr. 6 d'azote, 37 kilogrammes d'acide phosphorique et 116 kilogrammes de potasse.

Comment se fait-il qu'une terre pauvre, contenant cependant un stock assez important d'éléments fertilisants, demande, pour donner de très bonnes récoltes, une certaine quantité d'engrais ? C'est que ces éléments fertilisants que renferment les terres ne sont pas tout entiers sous une forme immédiatement assimilable par la plante. Ils demandent, pour être utilisés, des transformations lentes qui ne se font que progressivement. Aussi le cultivateur est-il obligé d'employer des *engrais*.

Un sol moyennement riche (c'est-à-dire contenant 1 gramme d'azote, 1 gramme d'acide phosphorique et 2 grammes de potasse par kilogramme de terre) ayant un assolement convenable et recevant régulièrement le fumier produit dans l'exploitation peut fournir des récoltes rémunératrices en blé si, d'après M. Garola, on lui donne :

---

1. Voir ce calcul : *Chimie agricole* (Encyclopédie des connaissances agricoles).

Pour blé d'hiver.
- Azote nitrique ou ammoniacal. . . . . 40 à 60 kilog.
  (Ce qui correspond a 265 ou 400 kilog. de nitrate de soude et à 200 ou 300 kilog. de sulfate d'ammoniaque.)
- Acide phosphorique soluble en citrate. . . . . . 35 à 40 kilog.
  (Ce qui correspond a 250 ou 300 kilog. de superphosphate de chaux).

Pour blé de mars.
- Azote nitrique ou ammoniacal. . . . . 45 à 65 kilog.
  (Ce qui correspond à 300 ou 430 kilog. de nitrate de soude et à 225 ou 325 kilog. de sulfate d'ammoniaque.)
- Acide phosphorique soluble au citrate. . . . . . 35 à 40 kilog.
  (Ce qui correspond à 250 ou 300 kilog. de superphosphate de chaux.)

La dose maximum d'azote indiquée ne doit être employée que dans les terrains où la nitrification est lente; dans ceux où la verse est à craindre on devra se rapprocher du minimum.

Peu de terres présentent la composition de fertilité moyenne donnée. Elles sont plus riches ou plus pauvres en un ou plusieurs des éléments utiles. En général, c'est l'acide phosphorique qui fait le plus défaut.

12. Engrais à employer pour la fumure du blé. — *Fumier de ferme.* — C'est l'engrais le plus employé: 1 000 kilogrammes de fumier renferment environ :

4 à 5 kilogrammes d'azote.
2 à 3   —   d'acide phosphorique.
4 à 5   —   de potasse.

Le fumier est en quelque sorte le « reflet du sol »; si ce dernier est pauvre en acide phosphorique par exemple, le fumier sera également pauvre en cet élément fertilisant : pour donner aux céréales la dose nécessaire d'acide phosphorique, il faudra dans ce cas employer une forte quantité de fumier, laquelle apportera trop d'azote, ce qui pourrait avoir pour résultat de compromettre la récolte en provoquant la verse.

On ne peut donc pas obtenir de fortes récoltes en céréales par l'emploi exclusif du fumier: on est obligé d'employer en même temps une certaine quantité d'*engrais de commerce* ou *engrais chimiques* pour compléter la fumure.

Emploi du fumier. — En général on n'applique pas directement le fumier à la sole de blé: on l'applique à la culture précédente, aux plantes sarclées (pommes de terre, betteraves, etc.) par exemple. On a constaté, en effet, que le fumier (lequel est plutôt un engrais à dominante d'azote) pousse au développement de la végétation herbacée au détriment de la production du grain et d'autre part provoque la *verse*.

Par contre l'emploi des engrais chimiques (engrais phosphatés, engrais potassiques, etc.) avant les semailles, pour compléter la fumure au fumier de ferme, est presque toujours à conseiller.

Le cultivateur ne doit pas opérer comme nous l'avons vu faire dans quelques fermes du Centre où tout le fumier produit dans l'exploitation est répandu à fortes doses sur certaines terres tandis que sur les autres on ne met que des engrais chimiques principalement du superphosphate.

Dans le cas où l'on ne peut pas alterner les plantes sarclées avec le blé et consacrer aux premières la totalité du fumier, il est bien préférable de répartir le fumier sur toutes les terres qui doivent être mises en froment et de compléter cette fumure par des engrais complémentaires (engrais phosphatés et potassiques).

Il est préférable également, lorsqu'on a recours à la *jachère*, d'enfouir le fumier par les labours de printemps ou d'été plutôt que par celui qui précède la semaille. Les graines qu'il contient ont le temps de germer, et les plantes en provenant sont détruites par les différentes façons que l'on donne. De plus, le blé trouve à sa disposition dès le début de son développement des éléments plus assimilables.

Doses à employer. — En général, comme bonne fumure au fumier de ferme seul, on emploie par hectare 30000 kilogrammes de fumier: dans le Nord, cependant, les fumures atteignent 50000 kilogrammes.

13. Engrais chimiques ou engrais du commerce. — Les engrais chimiques ou engrais du commerce sont des substances qui renferment, à l'état de concentration, des éléments fertilisants et qui sont destinés surtout à compléter l'action du fumier.

Nous examinerons successivement et sommairement :

1° Les engrais qui fournissent de l'*azote* (*engrais azotés*);

2° Les engrais qui fournissent l'*acide phosphorique* (*engrais phosphatés*);

3° Les engrais qui fournissent la *potasse* (*engrais potassiques*).

I. Engrais qui fournissent de l'azote, ou engrais azotés. — Remarquons tout d'abord qu'en agriculture on emploie très souvent les expressions *azote organique*, *azote ammoniacal*, *azote nitrique*.

L'azote organique est l'azote qui entre dans la composition des matières organiques, telles que le fumier, le sang, la corne, le cuir, etc., employées comme engrais azotés, les résidus végétaux, racines de plantes mortes, débris de feuilles et de tiges. Toutes ces matières organiques, sous l'influence de l'oxygène, de l'humidité, et surtout de micro-organismes, se transforment en *humus*.

L'azote ammoniacal est l'azote qui entre dans la composition de l'ammoniaque, ou des sels ammoniacaux, tels que le sulfate d'ammoniaque employé comme engrais azoté.

L'azote nitrique est l'azote qui entre dans la composition des nitrates (le nitrate de soude employé comme engrais, le nitrate de potasse, le nitrate de chaux).

Engrais à azote organique. — Parmi les engrais à azote organique, nous pouvons citer :

1° Les *tourteaux* provenant de l'extraction de l'huile des graines oléagineuses : ils renferment environ (pour 100) :

```
Azote. . . . . . . . . . . . . . . . . . . . . . . . . . . . 4 à 6.5
Acide phosphorique . . . . . . . . . . . . . . . . . . 1 à 2.5
Potasse. . . . . . . . . . . . . . . . . . . . . . . . . . . 1 à 1,5
```

Ces déchets ne peuvent pas remplacer seuls le fumier, comme on le croit quelquefois : ils agissent surtout par l'azote qu'ils renferment en grande quantité, un peu par leur acide phosphorique et très peu par leur potasse. On est obligé, pour obtenir une fumure complète, d'ajouter aux tourteaux des engrais phosphatés et des engrais potassiques. Ils se décomposent rapidement dans le sol et sont assez rapidement utilisés par les plantes : leur action est épuisée en deux années.

2° *Le sang desséché.* Le sang desséché se présente dans le commerce sous forme de petits grains noirs ou brunâtres à cassure brillante et d'aspect corné. Il absorbe assez facilement l'humidité et peut alors dégager de l'ammoniaque, aussi faut-il le conserver dans un endroit sec. Sa composition (pour 100) est la suivante :

```
Azote . . . . . . . . . . . . . . . . . . . . . . . . . . . 10 à 13
Acide phosphorique. . . . . . . . . . . . . . . . . . 0.5 à 1.5
Potasse . . . . . . . . . . . . . . . . . . . . . . . . . . 0,6 à 0.8
```

3° *La viande desséchée* préparée dans les ateliers d'équarrissage ; elle contient en moyenne : 9 à 11 pour 100 d'azote, 2 à 3 pour 100 d'acide phosphorique et des traces de potasse. Elle constitue un excellent engrais azoté, le prix de son azote est le même que celui du sang.

4° *Les matières cornées.* — Ces déchets (râpure de corne, raclures de sabots, frisures de cornes) renferment de 10 à 14,5 pour 100 d'azote.

5° *Les déchets de cuirs* renferment de 7 à 9 pour 100 d'azote, les déchets de laine de 3 à 4 pour 100 d'azote.

Engrais azotés à azote ammoniacal. — L'engrais à azote ammoniacal le plus employé en agriculture est le **sulfate d'ammoniaque**.

Ce sel se présente sous la forme de cristaux *solubles dans l'eau*. Le sulfate d'ammoniaque que l'on rencontre dans le commerce n'est pas en général tout à fait pur, sa couleur est grise ou plus ou moins brune ; sa richesse en azote est variable : environ 19 à 20 pour 100 d'azote.

Si la terre dans laquelle on met le sulfate d'ammoniaque n'est pas calcaire (terre granitique, par exemple), ce sel peut être assez facilement entraîné par les eaux pluviales jusque dans le sous-sol et n'être pas utilisé par le blé.

Dans les terres, il est retenu pendant un certain temps (une quinzaine de jours environ) avant d'être transformé en nitrates que les eaux de pluies peuvent enlever facilement.

Engrais azotés à azote nitrique. — L'engrais à azote nitrique le plus employé est le **nitrate de soude.**

Le nitrate de soude pur est blanc. Les nitrates du commerce mélangés de 3 à 5 pour 100 d'impuretés se présentent ordinairement avec une coloration grisâtre ; ils contiennent comme moyenne 95,5 pour 100 de nitrate de soude pur correspondant à 15,7 pour 100 d'azote, alors que le nitrate de soude pur correspond à 16,47 pour 100 d'azote. Le commerce vend ordinairement avec garantie de 15 à 16 pour 100 d'azote.

Le nitrate de soude est très soluble dans l'eau : les terres ne le retiennent pas, aussi ne peut-on l'employer qu'au moment où les plantes peuvent l'utiliser immédiatement, c'est-à-dire au printemps.

Comparaison entre les différents engrais azotés au point de vue de leur valeur et de leur utilisation. — Les engrais à azote organique (fumier, tourteaux, sang desséché, cornes torréfiées, etc.), se transforment lentement dans le sol et ne fournissent de l'azote aux végétaux que graduellement, par petites fractions. Il y a cependant à faire un certain classement entre eux : le fumier et les tourteaux agissent relativement très lentement : le sang desséché, la corne torréfiée ont une action beaucoup plus rapide (le sang desséché surtout) qui les rapprochent un peu du sulfate d'ammoniaque.

L'effet de ces engrais sur la récolte est moins énergique que celui produit par le sulfate d'ammoniaque et le nitrate de soude ; mais il est de plus longue durée.

Les risques de pertes d'azote par les eaux de pluie sont évidemment moins grands avec les engrais à azote organique qu'avec le nitrate de soude et le sulfate d'ammoniaque, précisément à cause de la lenteur que présentent les transformations que subissent ces engrais.

On pourrait peut-être déduire de ce qui précède que l'emploi des engrais à azote organique (fumier, tourteaux, cornes torréfiées, sang, etc.) sont préférables à celui du nitrate de soude et du sulfate d'ammoniaque. Ce serait à tort. Nous avons vu que les engrais à azote organique sont absolument indispensables pour fournir au sol l'humus qui lui est nécessaire ; il faut donc les employer, mais avec ces engrais seuls on ne peut faire de la culture intensive, on ne peut obtenir des récoltes maximum, leur transformation lente en est la cause ; ils ne fournissent pas assez *rapidement* au blé la quantité d'aliments azotés que ce dernier est susceptible d'absorber.

Il faut donc, pour obtenir de fortes récoltes, avec les engrais à azote organique, comme le fumier par exemple, employer en même temps des engrais azotés à action rapide (nitrate de soude, sulfate d'ammoniaque). *le bénéfice que procure l'excédent de rendement compense largement les pertes provenant de l'emploi de ces engrais.*

Dans quels sols doit-on de préférence employer l'azote organique ou l'azote sous forme de sulfate d'ammoniaque ou de nitrate de soude ? L'azote sous ces deux formes doit être employé dans tous les sols, et cela se comprend, puisque l'azote organique seul ne peut permettre, ainsi que nous venons de le voir, d'obtenir des récoltes maximum.

Dans les terres légères cependant, véritables cribles pour les dissolutions salines, le nitrate de soude et le sulfate d'ammoniaque se perdant facilement dans les eaux de drainage, on peut s'adresser à des engrais organiques de décomposition lente et ne répandre le nitrate de soude ou le sulfate d'ammoniaque que prudemment en plusieurs fois.

Le sulfate d'ammoniaque et le nitrate de soude sont des engrais de printemps ; ils redoutent les pluies d'hiver ; les engrais à azote organique (sauf le sang qui peut être répandu au printemps) sont des engrais d'automne : on peut les répandre en toute saison.

II. Engrais fournissant de l'acide phosphorique, ou engrais phosphatés. — Le commerce livre l'acide phosphorique à l'agriculture sous trois formes principales : les *phosphates naturels*, les *superphosphates* et les *scories de déphosphoration.*

Les phosphates naturels ou phosphates minéraux. — Ces phosphates sont très connus sous le nom de *phosphate de chaux.* Les principaux sont les suivants :

Les phosphorites du Quercy (30 à 77 pour 100 de phosphate de chaux) ; les *phosphates en nodules ou coprolithes* des Ardennes, de la Meuse (35 à 50 pour 100) ; les *sables phosphatés de la Somme,* du Pas-de-Calais (70 pour 100) ; les *craies phosphatées* de l'Oise (12 à 35 pour 100) ; les *phosphates noirs des Pyrénées* (60 à 75 pour 100).

Les phosphates d'os. — Ils sont tirés des os. Nous pouvons citer les *poudres d'os* contenant de 24 à 30 pour 100 d'acide phosphorique insoluble.

Superphosphates. — I. *Superphosphates minéraux.* — Ils résultent de l'action de l'acide sulfurique sur les phosphates naturels que nous venons de citer. Avant le traitement, le phosphate naturel ne contenait que de l'acide phosphorique insoluble dans l'eau[1]. Après le traitement le superphosphate contient :

1° De l'acide phosphorique soluble dans l'eau, qui a le plus de valeur ;

2° De l'acide phosphorique insoluble dans l'eau, mais soluble dans le citrate d'ammoniaque ; il a la même valeur agricole que le précédent ;

3° De l'acide phosphorique insoluble à l'eau et au citrate (provenant du phosphate naturel non attaqué par l'acide sulfurique) ; on ne tient pas compte de sa valeur dans l'estimation du superphosphate.

C'est la richesse en acide phosphorique soluble à l'eau et au citrate qui caractérise la valeur des superphosphates.

II. *Superphosphates d'os.* — Ils proviennent de l'action de l'acide sulfurique sur les phosphates d'os que nous avons cités plus haut. Ils contiennent de 14 à 18 pour 100 d'acide phosphorique soluble à l'eau et au citrate. Ils agissent comme les précédents.

Les scories de déphosphoration. — C'est un résidu de la fabrication de l'acier. On distingue : les *scories Thomas* et les *scories Martin,* ces dernières ont une valeur bien moindre.

---

1. Sous forme de phosphate tricalcique.

Les scories Thomas contiennent 12 à 22 pour 100 d'acide phosphorique et environ de 34 à 55 pour 100 de chaux.

Pour avoir de bonnes scories Thomas, le cultivateur doit exiger à *la fois les garanties* suivantes :

1° Une finesse de mouture *minimum* de 75 pour 100, la poudre obtenue passant à travers les mailles du tamis n° 100 distantes de 0 mm. 17 ; 2° une solubilité dans le réactif Wagner d'au moins 75 pour 100 de l'acide phosphorique total : on peut même exiger de 80 à 90 pour 100 ; 3° une garantie d'origine.

Les phosphates précipités. — On les prépare avec les os (Voir *Chimie générale appliquée à l'agriculture*). Ils contiennent de 36 à 42 pour 100 d'acide phosphorique dont la plus grande partie est soluble au citrate.

Comparaisons entre les différents engrais phosphatés au point de vue de leur valeur et de leur utilisation. — Les phosphates naturels, étant insolubles dans l'eau chargée d'acide carbonique, peuvent se conserver longtemps dans le sol sans être entraînés par les eaux de drainage comme certains engrais azotés, le nitrate de soude par exemple.

On peut donc les incorporer à la terre soit avant, soit après l'hiver, quels que soient les sols et quels que soient les climats.

Dans les terres ordinaires, les phosphates naturels sont généralement répandus à l'automne ; ils agissent lentement, leur action se fait peu sentir sur la première récolte, elle ne devient sensible que sur la seconde et quelquefois sur la troisième.

Lorsqu'on emploie les phosphates, on peut, sans inconvénients, en répandre de fortes doses ; on gagne même à les répandre à l'avance.

Les superphosphates, les phosphates précipités ainsi que les scories donnent des produits insolubles dans l'eau lorsqu'ils sont mis dans le sol : on peut les confier à la terre longtemps avant leur utilisation par les plantes, à l'automne ou pendant l'hiver, par exemple, sans crainte de déperditions.

Dans le cas des engrais phosphatés à action rapide, tels que les superphosphates, les phosphates précipités et les scories, l'excès de fumure n'exerce pas, comme les engrais azotés solubles (nitrate de soude ou sulfate d'ammoniaque), une action nuisible sur les récoltes.

Si l'on considère l'ensemble des terrains, les nombreuses expériences culturales ont démontré qu'au point de vue agricole, les engrais phosphatés peuvent être classés de la manière suivante :

1re catégorie.	Superphosphates. Scories de déphosphoration. Phosphates précipités.	Ces 3 engrais phosphatés ont à peu près la même valeur agricole.
2e catégorie.	Phosphates naturels. Phosphates d'os.	Ces engrais ont une valeur agricole bien moindre que celle des engrais phosphatés de la 1re catégorie.

En général, nous conseillons de n'employer les engrais de la deuxième catégorie (phosphates naturels et phosphates d'os) que dans des cas très restreints.

Au point de vue économique, à part quelques cas particuliers (terres de défrichement, par exemple), la première catégorie d'engrais **(superphosphates, scories, phosphates précipités)** est préférable.

Nous ferons remarquer que beaucoup d'agriculteurs pensent que les scories, étant basiques, doivent être employées seulement dans les terres acides, alors que les superphosphates, étant acides, doivent être employés dans les terres calcaires et argileuses.

Il y a dans ce raisonnement un certain fond de vérité : on aurait tort cependant de généraliser, car des expériences culturales ont montré que les scories sont souvent efficaces dans les terres calcaires, alors que, dans certains sols acides, le superphosphate donne de meilleurs résultats.

III. Les engrais fournissant de la potasse ou engrais potassiques. — Les principaux engrais potassiques que l'on emploie sont : la *kaïnite*, le *sulfate de potasse*, le *chlorure de potassium*.

À côté de ces engrais potassiques les plus usités, on peut ranger les engrais suivants : le *carbonate de potasse*, les *cendres de bois*.

La kaïnite est un sel brut de potasse tiré des mines de Stassfurt : elle se présente sous la forme d'un sel grisâtre à saveur très amère ; elle est très soluble dans l'eau.

La kaïnite contient en moyenne 12,5 ou 13 pour 100 de potasse sous forme surtout de sulfate de potasse. Elle absorbe facilement l'humidité de l'air grâce aux sels de magnésie qu'elle contient, il faut donc la conserver dans des lieux secs.

La kaïnite doit être réservée aux *sols calcaires* et à sous-sol perméable.

Le sulfate de potasse est tiré de la kaïnite. Quand il est pur, il est blanc, à saveur amère, et contient 54 pour 100 de potasse.

Le sulfate de potasse n° 1 de Stassfurt renferme de 90 à 95 pour 100 de sel pur et par conséquent dose de 48 à 51 pour 100 de potasse. Le sulfate de potasse n° 2 contient de 75 à 85 pour 100 de sel pur.

Le sulfate de potasse est soluble dans l'eau. *Il convient à tous les sols.*

Le chlorure de potassium s'extrait principalement d'un sel brut (la carnallite) des mines de Stassfurt. Le chlorure de potassium du commerce est très légèrement jaunâtre. Il contient environ de 75 à 90 pour 100 de sel pur correspondant à 47 à 49 pour 100 de potasse. Il a une saveur salée et il est très soluble dans l'eau.

Le chlorure de potassium n'est à sa place que dans des terres bien pourvues de calcaire et dont le sous-sol est perméable.

Comparaison entre les différents engrais potassiques au point de vue de leur valeur et de leur utilisation. — Les engrais potassiques sont tous solubles dans l'eau, mais malgré cette solubilité ils ne sont pas entraînés par les eaux de pluie (comme le nitrate de soude, par exemple), dans les profondeurs du sous-sol et perdus pour les plantes. Les terres ont, en effet, le pouvoir de retenir la potasse : *les engrais potassiques sont retenus par le pouvoir absorbant du sol.*

Cette fixation des engrais potassiques (comme pour le sulfate d'ammoniaque d'ailleurs) s'opère grâce à l'argile et l'humus, après l'intervention du carbonate de calcium ou carbonate de chaux (calcaire) des terres.

En l'absence de chaux ou de calcaire, le chlorure de potassium ou le sulfate de potasse reste tel quel dans le sol et n'est pas retenu par le pouvoir absorbant ; il peut y avoir perte de ces engrais par entraînement sous l'influence des eaux de pluie.

Le *sulfate de potasse* convient à tous les sols, tandis que le chlorure de potassium et la kaïnite ne sont à leur place que dans les terres bien pourvues de chaux (sous forme de calcaire) et dont le sous-sol est perméable.

Les engrais potassiques gagnent à être répandus de bonne heure, longtemps avant les semailles, pour produire leur effet au maximum dès la première année et aussi pour éviter leur contact à l'état concentré avec les graines; les pertes par entraînement sous l'influence des pluies ne sont pas à craindre, puisque la potasse est retenue par les propriétés absorbantes du sol, lorsque ce dernier contient un peu de calcaire.

14. Sur les quantités d'engrais à employer. — Nous venons d'examiner quels sont les principaux engrais que l'on peut employer dans la culture du blé. Il est bon de rappeler les principales lois qui régissent l'emploi de ces engrais dans la culture des céréales aussi bien que dans celle des autres plantes cultivées :

Les récoltes sont proportionnelles (quand les conditions atmosphériques sont convenables) à la quantité de l'élément fertilisant absorbable et assimilable qui se trouve au minimum dans le sol relativement aux besoins de la plante **(loi du minimum).**

Ainsi, par exemple, la production d'une bonne récolte de blé exige par hectare :

Azote. . . . . 92 kilog.
Acide phosphorique. . . . . 37 —
Potasse. . . . . 110 —

Si le blé trouve dans le sol toute la quantité d'acide phosphorique et de potasse qui lui est nécessaire, mais ne trouve que la moitié de l'azote, soit 46 kilogrammes, la récolte sera *théoriquement* réduite de moitié. Avec les 46 kilogrammes d'azote qu'a le blé à sa disposition, il prendra des quantités proportionnelles des autres éléments fertilisants, soit 18 kilogrammes d'acide phosphorique et 58 kilogrammes de potasse; le restant de l'acide phosphorique et de la potasse ne sera pas utilisé.

Pratiquement, la récolte du blé sera un peu supérieure à la moitié, mais elle sera pauvre en azote, de mauvaise qualité, et les plantes seront sujettes aux maladies. C'est donc l'élément fertilisant existant dans le sol en moindre quantité, c'est-à-dire au *minimum*, qui règle la récolte.

De cette loi découlent les importantes conséquences suivantes :

1° L'absence d'un seul élément nutritif dans l'alimentation de la plante paralyse l'action de tous les autres, si abondants qu'on les suppose; en d'autres termes, si un élément fertilisant fait défaut, les autres restent à peu près inertes dans le sol, et la récolte peut être nulle.

Lorsqu'une terre, par exemple, a besoin d'engrais azoté, d'engrais phosphaté et d'engrais potassique, il faut apporter au sol les trois engrais nécessaires, car si l'un d'eux fait défaut, les autres ne servent presque à rien.

2° Il suffit de donner à un sol l'élément fertilisant qui existe en moindre quantité (au minimum) pour augmenter les récoltes.

Il est indispensable de restituer à la terre tous les matériaux nutritifs que les récoltes annuelles lui enlèvent **(loi de restitution)**: on comprend, en effet, que si les récoltes enlèvent chaque année au sol une certaine quantité d'azote, d'acide phosphorique, de potasse, il faut, pour ne pas épuiser ce sol, lui rendre ces matières.

Cette loi, que l'on considérait autrefois comme fondamentale, demande à être discutée et complétée.

En réalité, il n'est pas nécessaire de restituer au sol, d'une manière absolue, *tous* les éléments que les récoltes lui enlèvent. A une terre riche en acide phosphorique, par exemple, il est inutile de fournir des engrais phosphatés : ce serait une dépense inutile : une terre riche en acide phosphorique est une véritable mine de cet élément que l'agriculture exploite comme le ferait l'industrie pour une mine de minerais métalliques.

Tant qu'un des éléments fertilisants (azote, potasse, acide phosphorique ou chaux) est fourni en abondance par le sol, il est superflu de l'ajouter dans les fumures. Les fumures ne doivent fournir aux sols que les éléments fertilisants ne se trouvant pas en quantité suffisante dans le sol. *L'engrais doit être le complément du sol.* L'agriculteur, dans la distribution des engrais, doit être guidé à la fois par la richesse du sol en éléments assimilables et par les exigences de la récolte. ***Il ne faut pas seulement restituer, il faut aussi faire des avances*** au sol quand on veut obtenir d'excellentes récoltes :

Si, par exemple, une terre n'a de l'acide phosphorique que pour produire 20 hectolitres de blé à l'hectare, alors qu'elle a de l'azote et de la potasse pour produire 30 hectolitres, en n'opérant que la restitution de l'acide phosphorique enlevé par la récolte, on ne peut obtenir que 20 hectolitres comme auparavant, ainsi que nous l'indique la loi des minimum énoncée plus haut. Pour obtenir les 30 hectolitres, il faut nécessairement élever la richesse du sol en acide phosphorique au même niveau que celle en potasse, azote, etc., et par conséquent faire un abondant apport d'engrais phosphaté.

Les avances que l'on doit faire consistent à mettre à la disposition du blé une importante quantité de matières nutritives qu'il prendra au fur et à mesure de ses besoins.

On ne peut évidemment faire au sol des *avances d'azote*, car l'élément azoté n'est pas retenu par le pouvoir absorbant des terres : ce serait faire des dépenses inutiles que de fournir annuellement aux céréales une quantité d'azote supérieure à celle qui leur est nécessaire pour leur développement pendant l'année. Mais il n'en est pas de même pour l'acide phosphorique insoluble et la potasse (élément fertilisant retenu par le pouvoir absorbant du sol) on peut, sans crainte de pertes apporter au sol des quantités importantes d'engrais phosphatés et potassiques.

Doses d'engrais à employer. — Nous venons de voir qu'il ne suffit pas de *restituer* au sol les éléments fertilisants enlevés par les récoltes et qu'il est nécessaire de faire des *avances*.

Quelle est *pratiquement* la quantité *maximum* d'engrais que l'on doit employer?

Il est important de savoir que *les effets des engrais ne sont pas proportionnels à la dose d'engrais employés*. Ainsi, par exemple, il faut proportionnellement beaucoup plus d'engrais pour faire passer la récolte de 30 hectolitres de blé (à l'hectare à 35 hectolitres que pour le faire passer de 25 à 30 hectolitres. De sorte qu'il arrive un moment où l'excès de récolte ne paie pas le complément d'engrais correspondant que l'on a employé; en d'autres termes, il existe pour chaque engrais un maximum d'effets utiles au delà duquel la dépense est supérieure à l'excès de rendement obtenu.

La dose d'engrais à employer ne doit donc pas correspondre à la récolte maximum que l'on peut obtenir mais bien au bénéfice maximum que peut donner l'emploi de cet engrais.

C'est à l'agriculteur de déterminer ce *bénéfice maximum* par des expériences culturales directes.

15. Fumures au fumier et aux engrais chimiques. — Il serait imprudent de n'employer que les engrais chimiques pour fumer les terres. Le fumier de ferme est indispensable pour une bonne culture.

Le fumier, en effet, se transforme dans le sol en **humus.**

Or, l'humus joue plusieurs rôles très importants : 1° il permet la multiplication des micro-organismes du sol, auxiliaires indispensables pour pourvoir à l'alimentation des plantes; 2° il sert, en quelque sorte, de véhicule à certaines matières minérales insolubles, telles que les phosphates, par exemple, auxquelles il fait subir une espèce de digestion préalable, pour les mettre à la disposition des plantes; 3° il ameublit les terres trop fortes et donne « du corps » aux terres trop légères; il permet au sol, concurremment avec l'argile, de retenir les éléments fertilisants que les eaux de pluie entraîneraient.

N'employer que des engrais chimiques, c'est laisser l'humus disparaître peu à peu du sol.

Si certaines terres ont pu donner, avec les engrais chimiques seuls, de bonnes récoltes pendant un certain nombre d'années, d'autres, au contraire, ont vu leurs propriétés changer désavantageusement en ne laissant obtenir que des résultats médiocres.

Dans le cas où le fumier fait défaut, on peut employer des engrais à azote organique (tourteaux, cornes torréfiées, sang desséché, etc.), qui fournissent aussi de l'humus au sol.

Le fumier est à action lente, les engrais chimiques sont à action plus ou moins rapide. On peut arriver à combiner ces deux sortes d'engrais en proportions convenables pour les besoins de la végétation.

Il est évident que les fumures doivent varier suivant la richesse des terres qui les utilisent. Pour que chaque agriculteur pût appliquer au sol les fumures les plus rationnelles, il faudrait d'abord analyser ce sol, puis, par des essais préliminaires, arriver à connaître les quantités d'engrais qui lui sont nécessaires. Néanmoins, nous pouvons indiquer les formules générales suivantes qui guideront les agriculteurs :

Quantités d'engrais. — *Si l'on ne peut employer que le fumier,* la dose à utiliser pour une bonne fumure est de 30 000 kilogrammes dont les effets se font sentir pendant 3 ans environ.

Lorsque le fumier fait défaut, on peut avoir recours aux engrais du commerce d'origine organique, aux *tourteaux* par exemple, à la dose de 1200 kilogrammes par exemple, en les accompagnant d'engrais phosphatés, superphosphates de chaux ou scories (parce qu'ils ne contiennent que peu d'acide phosphorique : 1 à 3 pour 100) et d'engrais potassiques.

En général il faut réserver les engrais organiques concentrés sang, viande, corne, etc.), aux terres légères et calcaires ainsi qu'aux terres franches.

Dans les terres fortes on devra préférer les engrais organiques volumineux (fumier, tourteaux, etc.) qui divisent le sol accompagnés de sulfate d'ammoniaque ou de nitrate de soude au printemps. Le nitrate de soude, à la dose de 150 à 200 kilogrammes, convient à toutes les terres : le sulfate d'ammoniaque (à la dose de 150 kilogrammes), convient peu dans les terres légères et dans les terres très calcaires[1], on doit l'utiliser surtout dans les terres argileuses, fortes.

Mais comme nous l'avons déjà dit : il est préférable, lorsque le fumier n'a pu être mis pour les plantes sarclées, de le répartir sur toutes les terres destinées au blé et de compléter la fumure par des engrais complémentaires. Les fumures exclusives au fumier pouvant provoquer la verse ou amener une grande production de paille au détriment du grain.

Dans les pays où l'élevage du mouton se fait en grand, on a quelquefois recours au parcage[2] pour la fumure des sols légers ou de consistance moyenne.

M. Garola indique que, par un parcage de douze heures, à rai-

---

1. Voir *Chimie agricole.* (Encyclopédie des connaissances agricoles.)

2. Le parcage consiste à faire séjourner, pendant la nuit, sur les terres labourées pour les fumer, des moutons, dans des parcs qui sont des espaces limités par des clôtures mobiles en claies.

son de un mouton par mètre carré, on apporte par hectare la fumure suivante : azote 80 kilogrammes ; acide phosphorique 35 kilogrammes ; potasse 110 kilogrammes.

En complétant cette fumure par des engrais phosphatés (superphosphate ou scories) on arrive à d'excellents résultats.

Pour les fumures destinées au blé plusieurs cas peuvent se présenter :

1° Dans l'assolement adopté, le blé peut succéder à des *plantes sarclées* (pommes de terre, betteraves, etc.) n'ayant reçu que du fumier de ferme ou une demi-fumure au fumier de ferme accompagnée d'engrais chimiques. Il faut alors pour le blé employer :

> 400 à 500 kilog. de superphosphate de chaux ;
> 100 kilog. de sulfate d'ammoniaque à l'automne ;
> 100 à 150 kilog. de nitrate de soude au printemps.

La dose de superphosphate de chaux peut être amenée à 200 kilogrammes si les plantes sarclées qui précèdent ont reçu une forte dose d'engrais phosphatés.

2° Si le système de culture ne permet pas, comme dans la région du Nord, d'alterner les betteraves avec le blé et, dans ce cas, de consacrer aux betteraves la totalité du fumier produit, on n'hésitera pas, ainsi que le fait remarquer M. Garola, à fumer directement le blé, comme on le fait en Beauce ; « mais on le fera avec modération et en ayant soin d'apporter sous forme d'engrais minéral assimilable le complément indispensable d'acide phosphorique en général, et de potasse par exception ».

> Demi-fumure au fumier. .   15 000 kilog.
> Superphosphate de chaux.   3 à 500 kilog. (suivant la richesse du
>   sol en acide phosphorique).

Quant aux engrais azotés comme le sulfate d'ammoniaque et le nitrate de soude, on se dispensera d'en employer, excepté si le blé au printemps paraît jaunâtre, souffreteux ; on les utilisera alors en doses faibles de 80 à 100 kilogrammes en couverture.

Comme nous l'avons dit, lorsque nous avons étudié, l'emploi du fumier, si le blé, succède à la jachère et que l'on donne le fumier au sol en jachère, il vaut mieux enfouir ce fumier par les labours de printemps ou d'été.

3° Lorsque dans l'assolement le blé vient après des fourrages annuels (vesces, pois, trèfle incarnat), il est souvent inutile de lui donner une fumure au fumier de ferme, car ces fourrages par les résidus qu'ils laissent dans le sol fournissent une quantité suffisante d'azote ; il suffit de lui apporter 400 à 500 kilogrammes de superphosphate de chaux avant le semis et 100 kilogrammes de nitrate de soude ou de nitrate de chaux au printemps, s'il paraît jaunâtre, souffreteux.

4° De même lorsque le blé suit un trèfle de 18 mois ou une prairie artificielle de légumineuses de 3 ou 4 ans de durée, on ne met généralement pas de fumier de ferme, mais le sol doit recevoir une bonne fumure phosphatée : 4 0 à 500 kilogrammes de superphosphate de chaux par hectare.

Comme on le voit, la fumure du blé dépend non seulement des besoins de la plante et de la composition du sol, mais aussi des résidus laissés par les récoltes précédentes.

REMARQUE. — *Dans toutes les formules précédentes on peut souvent remplacer le superphosphate de chaux par les scories de déphosphoration, surtout pour les sols pauvres en chaux.*

Dans les formules que nous venons d'indiquer, nous n'avons pas fait entrer d'engrais potassiques. Nous avons supposé, en effet, que le terrain à mettre en blé était de fertilité moyenne ; que l'assolement suivi était convenable et que tout le fumier produit dans la ferme était utilisé sur les terres du domaine. Cependant il a été constaté que les engrais potassiques rendaient le froment plus résistant à la gelée ; à ce point de vue, ils peuvent être employés.

Dans les terres calcaires et siliceuses, terres d'ailleurs peu favorables à la culture du blé et qui sont en général très pauvres en potasse, il sera nécessaire de mettre des engrais potassiques : 100 à 150 kilogrammes de chlorure de potassium ou de sulfate de potasse.

Nous n'avons pas parlé de la chaux[1], car dans les sols ou son besoin s'en fait sentir elle a dû être employée comme amendement[2]. Les engrais phosphatés en fournissent une certaine quantité.

---

1. Voir *Chimie agricole* (Encyclopédie des connaissances agricoles).

2. Il est préférable de faire des chaulages moins abondants mais de les répéter souvent.

Pour un assolement de quatre ans, on peut mettre en tête d'assolement par hectare et cela pour les quatre années :

Dans les terres légères (sables, granitiques) : 12 à 15 hectolitres ;

Dans les terres légères riches en humus (terres de bruyères, défrichements de bois) : 25 à 30 hectolitres ;

Dans les terres de consistance moyenne : 20 à 25 hectolitres ;

Dans les terres argileuses dites fortes : 25 à 30 hectolitres ;

Dans les terres très acides, tourbeuses : 35 à 40 hectolitres.

CHAPITRE VI

CULTURE PROPREMENT DITE DU BLÉ

I. — PRÉPARATION DU SOL ET FUMURE

Le sol qui est destiné à recevoir le froment, doit être bien ameubli, alors qu'à une certaine profondeur il y a un tassement suffisant; la terre ne doit pas être creuse. Il est même avantageux, pour les blés d'automne, d'avoir un sol légèrement motteux: pendant l'hiver les mottes se gorgent d'eau et en se délitant au printemps elles rechaussent les jeunes pieds. Elles offrent de plus un abri au froment pendant l'hiver.

La préparation du sol pour le blé varie suivant les plantes qui le précèdent et l'état dans lequel elles laissent la terre à emblaver.

Avec la jachère, dans les terres argileuses il est bon de déchaumer aussitôt après l'enlèvement de la dernière récolte. A la première pluie on herse et le labour de déchaumage étant très léger les graines des plantes adventices qui ont mûri dans la récolte précédente germent. Avant l'hiver on donne un labour assez profond pour enfouir toutes les mauvaises plantes qui ont recouvert la surface du sol d'une végétation plus ou moins grande: les couches profondes du sol ramenées à la surface se trouvent alors sous l'influence des gelées.

Au printemps, dès qu'il est possible, on doit donner un hersage pour faire germer et lever les graines qui se trouvent à une faible profondeur.

En mai, on donne un labour pour enfouir les mauvaises plantes. Ce labour, qui doit être le plus profond possible, est suivi d'un hersage ou d'un scarifiage. En juillet, on donne un troisième labour suivi de hersage et de scarifiage: lorsque le sol est infesté de plantes à rhizomes, ce labour doit être donné autant que possible après une pluie, et fin août ou septembre on donnera plusieurs coups de cultivateur pour extraire les racines, qui doivent être brûlées.

Dans les terres légères on supprime le labour d'automne, on attend le mois de mai pour labourer, alors on enfouit les plantes qui auraient pu pousser (coquelicot, moutarde, bluet, etc.).

Lorsqu'on applique le fumier sur la jachère, c'est par le labour de juillet qu'il est enfoui, les mauvaises graines que le fumier contient ont le temps de pousser et elles sont détruites par le labour précédant l'ensemencement.

La jachère a l'inconvénient de laisser le sol pendant un an sans produire de récolte, aussi, dans la culture à grande production, on la remplace par une culture de fourrages annuels et de plantes sarclées.

Après la culture des fourrages annuels (vesces, pois, trèfle incarnat), on donne généralement, immédiatement après les avoir rentrés, un labour, puis en juillet un second labour et enfin un troisième est exécuté trois semaines au moins avant le semis: ici on n'a plus qu'une demi-jachère.

Les plantes sarclées (betteraves, carottes, pommes de terre) constituent un excellent précédent pour le blé. On ne donne qu'un labour assez superficiel: il est bon, si le semis doit se faire immédiatement, de rouler assez énergiquement avant la semaille: ce roulage qui permet au sol de reprendre son assiette nous a toujours donné de très bons résultats.

Après trèfle de dix-huit mois on ne donne généralement qu'un seul labour, il doit être exécuté au moins trois semaines avant le semis. Une bonne précaution est de passer le rouleau aussitôt le labour exécuté. Les semis faits sur un sol non tassé ne réussissent jamais.

Dans le centre, où on laisse le trèfle un an de plus, il est pacagé jusqu'en mai, à cette époque on exécute un labour ordinaire (on ouvre la terre), en juillet un second labour est donné perpendiculairement au premier (on traverse la terre), les bandes retournées sont très larges de façon qu'il y ait une grande surface exposée aux agents atmosphériques. Fin août, si le sol contient des plantes à racines traçantes, on passe le cultivateur et on donne des hersages. Un troisième labour est alors exécuté quelque temps avant les semailles. Lorsqu'on met du fumier il est généralement enfoui par le premier labour.

Lorsqu'on fait un blé après une luzerne ou un sainfoin on opère comme nous l'avons indiqué précédemment, mais généralement après ces plantes on fait une avoine de printemps.

La bonne préparation du sol est d'une importance capitale pour la réussite de la culture du blé. Georges Ville l'a bien vu quand il écrit : « Une terre bien fumée et mal préparée mène à la ruine, plus vite encore qu'une terre bien préparée, mais fumée insuffisamment ».

Les agriculteurs doivent tendre à cultiver des variétés d'élite mais pour que leur supériorité se manifeste, dit M. Schribaux et qu'elles travaillent au mieux de nos intérêts, il faut leur rendre la tâche aussi facile que possible.

« En premier lieu, dit-il, nettoyons parfaitement les terres afin de les protéger contre les mauvaises herbes, le pire fléau aujourd'hui de l'agriculture française. Cela fait, ne leur marchandons pas la nourriture, donnons-leur copieusement à boire et à manger. Si c'est chose simple, grâce aux engrais chimiques, de satisfaire l'appétit des plus exigeantes d'entre elles, leur donner suffisamment à boire présente plus de difficultés. Nous savons que le meilleur procédé de fournir au blé l'eau sans laquelle on ne saurait prétendre à de grosses récoltes, consiste à déterminer la plante, par des labours profonds, à plonger ses racines délicates dans le sol aussi avant que possible. Utiles dans toutes les situations, les labours profonds deviennent, dans le Midi, la condition primordiale des récoltes abondante et régulières de blé ».

16. Fumure. — Les engrais nécessaires sont incorporés au sol au moment de sa préparation. Nous avons indiqué plus haut (p. 5o) les quantités employées ainsi que les règles générales qui doivent servir de base à leur emploi.

L'épandage des engrais (superphosphate de chaux ou scories se fait à la main à la volée ou, ce qui vaut mieux, à l'aide d'un *distributeur mécanique*.

L'engrais étant répandu sur le sol, on le mélange convenablement à celui-ci à l'aide de la *herse* ou du *scarificateur*.

Le nitrate de soude, étant très soluble, n'a pas besoin d'être mélangé au sol, il est simplement répandu *en couverture* au moment de son emploi, c'est-à-dire au printemps.

M. Berthault, à la suite de nombreuses expériences, recommande de semer les engrais en lignes : il a trouvé que l'engrais aggloméré s'est montré plus efficace que l'engrais uniformément réparti. Mais, comme il le dit, il est indispensable, pour que ce résultat soit atteint, que la grande culture dispose de semoirs mixtes bien établis qui puissent déposer les matières fertilisantes dans un sillon au-dessous de la bande semée.

L'agglomération de l'engrais a surtout de l'importance là où l'on est obligé d'épargner les engrais.

L'agglomération de l'engrais (pour les blés d'automne, les engrais phosphatés et potassiques) qui soustrait les principes fertilisants au pouvoir absorbant des terres et les réserve ainsi aux plantes, permet d'adopter des lignes plus écartées et de réaliser ces trois termes d'une culture lucrative : fumures bien utilisées, nettoyage économique du sol et récoltes abondantes.

Ce que nous reproduisons ici pour le blé peut être appliqué à toutes les céréales.

II. — LES SEMAILLES

17. Choix et préparation de la semence. — Le choix de la semence a une importance considérable et comme le dit M. Risler « parmi les perfectionnements que la plupart des cultivateurs peuvent introduire dans la production de leur blé, celui qui donnera le plus de profit, celui qui en abaissera le prix de revient de la manière la plus certaine, parce qu'il permet d'en augmenter, à peu de frais, le produit brut dans une proportion souvent considérable, c'est le choix des variétés bien appropriées au climat et aux terres de leurs fermes ».

Si l'on envisage la semence au point de vue de la variété, les résultats sont différents suivant les localités. Le plus souvent le cultivateur devra prendre pour base de l'appréciation des variétés qu'il essaiera pendant plusieurs années avant de les adopter : 1° leur haut rendement en grain et paille ; 2° leur résistance à l'échaudage, ce qui l'amènera souvent à abandonner les blés tardifs ; 3° leur résistance à la rouille ; 4° leur résistance à la verse.

Quelles que soient les variétés adoptées, le cultivateur ne doit pas se contenter de maintenir la productivité, mais bien de l'élever et avant d'introduire dans sa ferme de nouvelles variétés il a souvent intérêt à chercher à tirer tout le parti possible de celles qu'il possède, il y arrivera par la *sélection*. Cette sélection peut se faire de façons différentes. Le cultivateur peut d'abord avant et pendant la moisson parcourir les champs puis couper les épis les plus longs, bien garnis qui sont portés par des tiges fortes, saines et dont les pieds ne portent que deux ou trois tiges égales. Des épis récoltés il ne conservera que la moitié inférieure, car on trouve dans un épi en commençant par la base : 1° quelques grains légers ; 2° une zone allant jusqu'à la moitié environ de la hauteur totale de l'épi, où se trouvent les grains les plus lourds ; 3° la moitié supérieure de l'épi qui a des grains légers. Les grains en provenant semés dans un terrain bien préparé pourront lui fournir, s'il en a seulement semé une certaine quantité, de quoi garnir une surface assez grande pour l'année suivante.

En répétant chaque année cette opération sur la partie ensemencée avec le choix de l'année précédente, il arrivera à des résultats très favorables.

Le cultivateur ne doit non plus jamais négliger de préparer ses semences à l'aide du trieur à alvéoles. Cet appareil éliminera toutes les graines étrangères ainsi que les petits grains et ceux mal venus.

Cette élimination des petits grains a une influence très grande sur le rendement. C'est ainsi que nous avons obtenu à l'école d'agriculture de Gennetines, avec le blé de Bordeaux, les rendements suivants :

	Rendement a l'hectare en grain.
Semence n'ayant pas été passée au trieur. . . .	2 720 kilog.
Gros grains.	2 900 —
Grains moyens	2 610 —
Petits grains	2 450 —

On peut encore pousser plus loin la sélection et séparer parmi les gros grains ceux qui présentent la densité la plus élevée.

M. Rabaté conseille pour cela d'employer une solution concentrée de nitrate de soude. Une solution de ce sel, à raison de 3o pour 100, a une densité de 1220 : à 5o pour 100 une densité de 1420. En plaçant les grains de blé dans la solution et en agitant, on obtient facilement la séparation des grains denses de ceux qui le sont moins.

Les grains légers sont enlevés et les lourds une fois sortis du cuveau doivent être passés dans l'eau pure pour les débarrasser du nitrate qui les recouvre.

On peut aussi faire une sélection basée sur les *variations* qui peuvent se produire dans une même variété : la variation peut donner naissance à des individus qui tout en ayant les qualités de la race originelle se distinguent des autres par d'autres qualités que l'on recherche.

C'est cette sélection qui est pratiquée en Suède à l'établissement de Swalöf.

Enfin, on peut avoir recours au *croisement*. C'est ce qu'a fait avec tant de succès H. de Vilmorin et quelques autres sélectionneurs français.

Beaucoup de cultivateurs *changent leurs semences* de temps en temps. Cette coutume, lorsqu'elle a pour but de se procurer des graines plus parfaites de la même variété est à recommander. Pour l'introduction de nouvelles variétés, il faut agir avec prudence, car souvent ces variétés d'automne peuvent réussir plusieurs années de suite, puis un hiver rigoureux les détruire, ou un été brûlant les faire échauder.

Blés mélangés. — Un cultivateur avisé ne doit jamais semer sur ses terres réservées à la culture du blé, une seule variété de froment.

Toutes les variétés n'ont pas la même résistance aux intempéries principalement aux froids de l'hiver. Toutes ne mûrissent pas à la fois, aussi les unes peuvent être semées plus tôt et d'autres récoltées plus tard, les travaux de la ferme se trouvent ainsi mieux répartis. La floraison ne se faisant pas en même temps, la coulure produite par les temps froids et brumeux n'a pas la même intensité pour toutes les variétés; il en est de même pour l'échaudage.

C'est ce qui fait qu'il n'arrive, comme le dit M. Garola, que rarement que toutes les variétés semées manquent à la fois, tantôt un blé, tantôt un autre donne le meilleur rendement. Il y a ainsi une compensation naturelle qui fait que la production moyenne est plus élevée.

Ce qui est vrai lorsqu'on sème plusieurs blés séparément l'est également lorsqu'on les sème en mélange On devra choisir des variétés fleurissant successivement et pouvant malgré cela être moissonnées en même temps.

Il est bien établi que le mélange de deux variétés distinctes donne un rendement en grain plus élevé que celui qu'on aurait obtenu de l'une ou de l'autre de ces variétés cultivées seules; les grains ont une plus belle apparence.

Il est bon de cultiver séparément les variétés qui doivent être mélangées; le mélange ne se fera qu'au moment du semis.

18. Sulfatage des semences. — Les semences, après avoir été choisies et triées, doivent subir certaines préparations pour les soustraire à l'attaque de certains champignons principalement la carie. Les spores des champignons se logent surtout dans la houppe du grain. Les spores de la carie germent sur la plantule; le mycélium du champignon envahit la tige et va fructifier dans l'ovaire qu'il remplit d'une poudre noire. Les spores de ce champignon sont détruites par le sulfate de cuivre, il suffit de faire dissoudre par hectolitre de grain, 150 à 200 grammes de sulfate de cuivre dans 10 litres d'eau; le grain est placé sur un plancher, on répand peu à peu le liquide sur le tas, en brassant avec une pelle en bois jusqu'à ce que tous les grains soient imbibés. Le blé ainsi traité peut être employé le lendemain à la semaille.

Ce procédé, qui est dit par *aspersion*, peut être remplacé par celui dit par *immersion* : il consiste à placer la solution, qui est toujours de 1,5 à 2 pour 100 dans un baquet : le blé est mis dans une corbeille d'osier que l'on plonge ensuite dans la dissolution. Le grain égoutté est mis en tas et peut être employé le lendemain.

En absorbant le liquide le volume du grain augmente de 20 à 25 pour 100 : un hectolitre devient 120 à 125 litres.

On a préconisé aussi pour la destruction des champignons qui attaquent le blé et principalement le charbon, l'emploi de l'eau chaude. Il suffit alors de plonger les semences dans de l'eau à 54 degrés et de maintenir cette température pendant environ quinze minutes.

MM. Bréal et Giustiniani, dans une communication à l'Académie des Sciences ont indiqué qu'on peut obtenir des excédents notables de récolte en recouvrant les semences d'un enduit cuivrique à base de fécule tout en prévenant les maladies cryptogamiques qui souvent compromettent les récoltes.

La bouillie cuivrique de MM. Bréal et Giustiniani se prépare en faisant bouillir 30 grammes de fécule dans un litre d'eau, tenant en dissolution 3 grammes de sulfate de cuivre. On laisse séjourner les graines pendant vingt heures dans le mélange refroidi, on les dessèche superficiellement par exposition à l'air, puis on les trempe dans l'eau de chaux et l'on sèche à nouveau. Les graines ainsi traitées conservent leur aspect ordinaire ; elles augmentent de poids de 5 pour 100 environ.

Les graines traitées ainsi germeraient en plus grand nombre et, en général, donneraient de plus fortes récoltes que les semences normales, ce qui tiendrait, d'après ces messieurs, à la plus grande résistance qu'elles opposent aux micro-organismes parasites.

19. Semailles du blé. — *Époque des semailles.* — L'époque des semailles est importante à considérer. On sait que le blé ne peut germer que si la température atteint 6° C. au-dessus de zéro. Les semis doivent donc être exécutés à l'automne avant l'époque où la température moyenne descend au-dessous de ce chiffre, et au printemps au moment où la température est remontée à ce degré.

Le blé d'automne doit de plus avoir atteint avant les grands froids un développement suffisant pour résister à l'hiver, c'est-à-dire avoir au moins trois feuilles : pour cela, il faut que la plante reçoive au minimum 300 degrés de chaleur.

Sauf dans le midi où l'on sème en novembre, lorsque le sol a reçu une certaine quantité d'eau, dans les autres parties de la France les semailles se font en général dans la première quinzaine d'octobre. Si la température est favorable, les blés faits dans ces conditions ont leur troisième feuille avant la Saint-Martin ; ceux faits à la fin du mois n'auront guère leur deuxième feuille qu'en décembre. Généralement les blés semés après la Toussaint ne réussissent guère.

Un adage dit :

> Quand réussit la semaille à la Toussaint,
> Le père ne doit pas le dire à son fils.

Si on semait trop tôt, en septembre, les plantes adventices pourraient nuire au blé.

Les semailles précoces conduisent, en général, aux meilleurs résultats :

> Si tu veux bien moissonner,
> Ne crains pas de trop tôt semer,

dit un autre adage.

Le blé de printemps se fait fin février et commencement de mars, on a intérêt à le semer de bonne heure afin qu'il s'empare du sol avant la levée des mauvaises herbes.

Les blés de printemps remplacent souvent les blés d'automne non réussis.

Quantité de semence à employer. — M. Joulie dans ses recherches sur la culture du blé a trouvé qu'en moyenne il y avait 400 tiges par mètre carré. Il estime qu'il y a 50 pour 100 des grains semés qui ne fournissent pas de plantes et que chaque plant donne en moyenne deux tiges.

Il résulte de cela que 400 grains mis dans un mètre carré de terrain fournissent 400 tiges et par conséquent 400 épis. Il faut donc pour ensemencer un hectare 4 000 000 de grains.

La quantité de semence à mettre par hectare dépendra donc de la grosseur des grains de la variété que l'on veut semer.

On compte en moyenne 2 000 000 de grains par hectolitre, ce qui ferait deux hectolitres par hectare. M. Garola a trouvé 13 000 grains par litre dans la variété de Bordeaux, pour arriver à 400 tiges à épis par mètre, il aurait fallu semer 200 litres par hectare. Dans une semence de Hérisson barbu, il a trouvé 25 487 grains par litre : il aurait suffi de semer 160 litres de ce blé.

On voit qu'il n'est pas possible d'indiquer, d'une façon absolue la quantité de grains à mettre par hectare.

D'après les statistiques, en moyenne, on sème en France, 200 litres par hectare. On peut dire que la quantité de semence à employer par hectare dépend de l'époque de la semaille, des conditions climatériques, de la nature, de la préparation et de la fertilisation du terrain, de la variété cultivée et aussi de la manière dont on pratique le semis.

Si l'on sème tard on devra employer plus de semence ; de même si le sol est pauvre et s'il est mal préparé.

Dans les pays à climat doux et humide il faut semer plus tard que dans ceux à climat rude.

On devra tenir compte également de la faculté germinative. Une semence maigre germera mal, aussi la quantité de grains à semer devra être plus grande.

Il est bon de n'employer que des blés de la dernière récolte, car la faculté germinative diminue avec l'âge, Haberland a trouvé que pour le

Blé de 1 an	90 pour 100 de grains germaient.
— 2 ans.	97	—	—
— 3 ans.	88	—	—
— 4 ans	71	—	—
— 5 ans.	5	--	—

Les blés de printemps doivent être semés plus drus que ceux d'automne, ayant moins de temps pour se développer.

Dans les très bons sols on peut semer assez clair, le blé y tallant facilement, mais dans les sols ordinaires il faut semer suffisamment épais afin que les plantes adventices ne prennent le dessus.

Dans le nord les blés tallent moins que dans le midi.

On ne doit pas chercher à avoir un trop fort tallage, car, comme le dit M. Schribaux : « dans une touffe donnée, la fertilité des talles décroît dans l'ordre de leur apparition : les premières sont les plus productives, celles qui fournissent le meilleur grain, enfin ce sont les moins exposées à la rouille, à l'échaudage et à toutes les conditions extérieures défavorables.

« Les pousses tardives se développent en partie au détriment de la plante et gênent la formation du grain sur les pousses principales. »

C'est la tige principale d'une souche qui donne le grain le meilleur et le plus abondant.

Profondeur du semis. — Le grain doit être enfoui à des profondeurs variables suivant les terrains : il doit être placé dans une situation telle qu'il puisse recevoir l'humidité, l'air et la chaleur nécessaires à sa germination.

Plus le climat est humide et le sol argileux moins les grains de blé doivent être enterrés. Si le climat est sec et le sol léger la semence doit être placée à une certaine profondeur pour qu'elle soit à l'abri de la dessiccation.

En général on ne doit pas enterrer le blé trop profondément, il ne faut guère dépasser 4 à 6 centimètres, sauf dans les terres légères où on peut aller jusqu'à 8 centimètres.

À ce sujet il est bon de rappeler que Laure montre que les plants donnent d'autant moins de grains que les semences ont été plus enterrées et qu'au delà de 8 centimètres elles pourrissent presque toujours.

D'après les expériences de Moreaux, dans le nord il ne faut pas pour le blé dépasser 9 centimètres de profondeur : à moins de 3 centimètres de profondeur le rendement est aussi fortement diminué.

Les expériences de M. Risler (fig. 36) montrent qu'au delà de

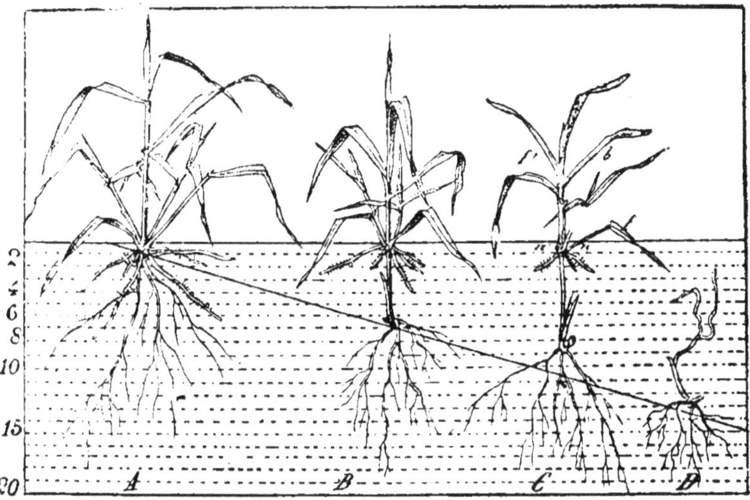

FIG. 36. — DÉVELOPPEMENT DE GRAINES DE BLÉ SEMÉES
A DIVERSES PROFONDEURS.

Le grain A, placé à une faible profondeur a donné une belle plante. Les grains B et C placés à une plus grande profondeur ont donné de moins belles plantes avec des racines secondaires n n'. Le grain D, placé trop profondément a bien germé, mais la jeune plantule n'a pu vivre parce qu'elle n'a pas pu sortir hors de terre à la fin de la germination.

8 centimètres les grains ne traversent que difficilement la couche de terre.

Exécution des semailles. — Les semis doivent être faits quinze jours ou trois semaines après le dernier labour, car il faut que la terre ait le temps de se rasseoir sans quoi, comme l'a démontré M. Risler par ses expériences, le sol se tassant la semence se trouve avoir descendu à une profondeur plus grande. Il arrive aussi que par suite du tassement plus fort au-dessus de la graine qu'au-dessous, le collet reste en quelque sorte suspendu en l'air et les racines qui commençaient à apparaître peuvent périr avant d'avoir rejoint la terre (fig. 37), à moins que le poids de la plante la fasse se recourber, ce qui rapproche le

collet du sol, et si ce sol est humide les racines peuvent conti-
nuer à croître.

Il est donc très recommandable, si le semis doit se faire

aussitôt après le labour, de rouler le sol fortement de façon
que le terrain soit raffermi.

Au printemps, pour exécuter le semis il faut attendre que le
terrain se soit ressuyé.

*Les semailles s'exécutent à la main ou au semoir mécanique,
à la volée ou en ligne.*

1° *Semailles à la volée et à la main.* — Les semailles à la
volée et à la main sont encore les plus employées. Elles s'exécutent très vite puisqu'un bon semeur peut garnir 4 à 5 hectares
par jour. La réussite du semis dépend ici du semeur. Le semeur
sème généralement des deux mains, c'est la méthode par triple
jet qui est la meilleure.

2° *Semailles à la volée avec le semoir mécanique.* — On peut également ensemencer à la volée avec le semoir mécanique dit à la volée. la semence ici est répartie très uniformément, ce qui fait que l'on peut économiser une certaine quantité de semence. de plus on peut ensemencer quand bien même il ferait du vent.

Que la semaille ait été faite à la main ou au semoir, le grain doit être recouvert.

Dans les terres légères. on peut enterrer le blé et les autres céréales. à l'aide d'un labour de 7 à 8 centimètres ou bien de scarifiages. Pour ces semis sous raies il est préférable de se servir de polysocs.

Habituellement on enterre le blé par deux coups de herse croisés.

3° Semaille avec le semoir en ligne. — Nous avons dit que l'on pouvait employer le semoir à la volée. mais si on veut avoir recours à une machine il est bien préférable de se servir du semoir en ligne qui réalise un grand nombre d'avantages : ainsi on a : 1° un épandage régulier ; 2° un enfouissement et un écartement uniforme ; 3° une économie de semence ; 4° une augmentation de la récolte ; 5° un nettoyage facile du blé.

Les partisans des semailles à la volée opposent à tout cela, qu'il y a un retard dans l'exécution et que le semoir ne peut fonctionner que sur des terres ayant été très bien préparées.

A ces objections on peut facilement répondre que si la surface à ensemencer est très grande. il suffit d'avoir plusieurs semoirs ou bien au lieu d'avoir un semoir à dix rangs en avoir un à vingt. Quant à la bonne préparation du sol. il ne se trouvera pas d'agriculteurs sérieux pour la considérer comme un inconvénient. elle est plutôt un avantage et il n'est pas admissible que l'on recule devant l'obligation de donner un coup de herse de plus pour avoir une meilleure récolte.

Avec les semoirs en ligne on peut avoir l'écartement que l'on veut. ce qui permet de donner facilement des sarclages et des binages. Quand on craint la verse il faut se contenter de sarcler, le binage activant la nitrification. Pour exécuter ces façons culturales on se sert habituellement de houes mues par les chevaux. Dans ce cas les lignes doivent être distantes les unes des autres d'au moins 18 centimètres.

Les semis en lignes écartées exigent que le blé talle beaucoup pour qu'il y ait suffisamment d'épis par mètre carré. On sait que certaines variétés tallent plus que d'autres aussi pour les premières l'écartement entre les lignes peut être plus grand. Nous avons été amené, à l'École d'agriculture de l'Allier. à mettre les socs du semoir à 0 m. 16 les uns des autres, avec un écartement plus grand nous avions une forte diminution de rendement ; avec un petit écartement le blé mûrissant plus vite, nous évitons souvent l'échaudage.

III. — SOINS D'ENTRETIEN

1° **Contre l'humidité.** — Le blé ne craint pas énormément l'humidité, mais cependant il ne peut s'accommoder de rester longtemps dans les eaux qui croupissent à la surface, aussi lorsque le sol est labouré en billon de 3 à 4 mètres, ou en petites planches, une fois le semis terminé, les dérayures laissées entre chaque billon ou entre chaque planche sont nettoyées avec un buttoir ou, comme dans le centre, avec l'arriau. Dans les parties les plus basses, des raies dites de travers placées perpendiculairement aux dérayures sont ouvertes, elles suivent les thalwegs et sont destinées à évacuer l'eau amenée par les raies d'écoulement.

Dans les sols labourés à plat, il est bon de faire avec le buttoir de distance en distance, suivant la pente du sol, des rigoles d'écoulement et, comme dans le cas précédent, des raies sont placées suivant les thalwegs.

Les terres provenant de ces raies de travers doivent être écartées à une certaine distance, de façon à ne pas former un obstacle à l'écoulement des eaux. Il est bon, de temps en temps, après les fortes pluies ou la fonte des neiges, de visiter les raies de travers afin de réparer les avaries qu'elles auraient pu subir.

Le plus souvent les blés qui ont été semés dans de bonnes conditions et qui n'ont pas eu trop à souffrir de l'hiver sont abandonnés à eux-mêmes jusqu'à la récolte, on opère quelquefois un *échardonnage*. Cependant, quoique ayant une bonne apparence, les blés peuvent encore être améliorés soit par un *roulage*, soit par un *hersage*, ou encore lorsqu'ils ont été semés en lignes par un *binage*.

2° **Contre un manque ou un excès de vigueur.** — *Si à la sortie de l'hiver le blé est jaunâtre, souffreteux,* s'il a souffert du froid, s'il est clair et qu'il talle difficilement il est bon alors d'épandre sur le terrain, fin mars ou commencement d'avril, 100 à 150 kilos de nitrate de soude à l'hectare, cet épandage se fait de préférence en deux fois, à trois semaines d'intervalle.

Si le blé, au contraire, est très vigoureux, s'il a des feuilles d'un vert foncé, il y a lieu de craindre pour lui la verse ; dans ce cas, fin avril ou commencement de mai, on peut pratiquer *l'effoliage* qui consiste à couper à la faux ou à la faucille l'extrémité des feuilles et des tiges. Souvent on remplace cette opération par le passage rapide, sur le champ, d'un troupeau de moutons : il faut alors choisir un temps doux, de la fin d'avril.

Pour opérer l'effoliage, on peut remplacer la faux et la faucille, qui sont souvent insuffisantes, par la faucheuse.

« Quand les blés ont 3o centimètres de hauteur, dit M. Hanicotte, j'en coupe 15 centimètres au moyen d'une faucheuse à un cheval portée sur de hautes roues et dont la lame est soutenue par un parallélogramme dont la hauteur peut être réglée par le conducteur. Les feuilles tombent sur le sol et servent de paillis. On commence l'opération aussitôt après la rosée, ou mieux l'après-midi. Quand les blés sont extrêmement forts et après une première opération, laissant craindre la verse, je répète l'opération une quinzaine de jours après, quand les feuilles ont atteint à nouveau 3o centimètres de hauteur. Dans ces conditions tous les blés sont inversables, quelle que soit leur végétation. »

Tout en supprimant la verse, M. Hanicotte prétend obtenir de l'effoliage à l'aide de la faucheuse, un autre effet qui serait également très intéressant.

« Dans une plantation de blé quelconque, dit-il. une plante possédant, par exemple, cinq tiges, peut avoir trois fortes tiges, une moyenne et un avorton. Les trois fortes tiges ont une partie de leurs organes respiratoires supprimés, la sève refoule brusquement dans les autres tiges, qui prennent l'avance que pouvaient avoir les autres ; le champ devient absolument régulier. Les tiges-avortons, qui n'auraient donné que quelques grains morts-nés, donnent un épi aussi productif que les autres. »

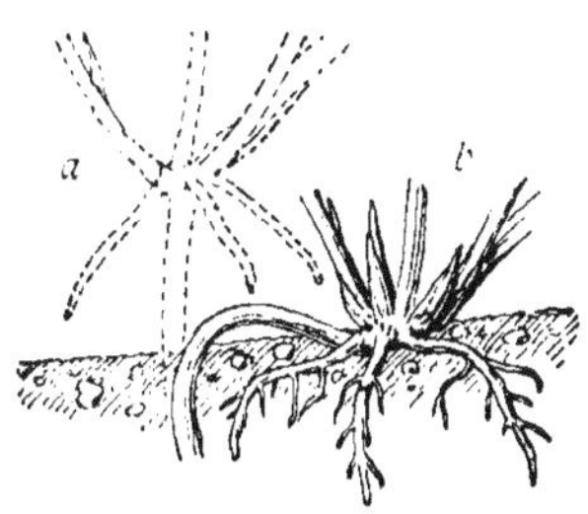

Fig. 38.

a, *Blé déchaussé*; b, *blé rechaussé par un roulage et ayant donné de nouvelles racines et de nouveaux rejets.*

3° **Hersage.** — Lorsque le sol est suffisamment ressuyé au printemps, il est bon, dans les terres fortes, de donner un *hersage*, ce hersage doit être d'autant plus énergique, qu'il s'est formé, à la surface du sol, une croûte plus dure ; cette opération pourra aussi détruire un certain nombre de plantes adventices. Le tallage est très activé par le hersage, car les racines qui poussent du collet de la plante peuvent s'implanter plus facilement sur le sol qui a été remué ; la plante se trouve rechaussée.

4° **Roulage.** — Lorsque, dans les terres légères, les blés ont été déchaussés par l'hiver ce n'est plus au hersage qu'il faut avoir recours mais bien au *roulage*. Les plantes se trouvent alors rechaussées et les tiges qui sont ainsi pliées peuvent donner de nouvelles racines et de nouveaux rejets (fig. 38 et 38 *bis*.) Ce roulage se donne fin mars.

Dans les terres de consistance moyenne, un *hersage* est d'abord donné, puis est suivi par un *roulage*.

5" **Sarclage** et **binage**. — Les blés sont très souvent envahis par les mauvaises herbes[1], aussi est-il nécessaire, dans ce cas, d'avoir recours au printemps au sarclage. Le hersage que l'on donne détruit bien une certaine quantité de mauvaises plantes, mais parfois on doit compléter son action par un sarclage à la main. Dans les semis en lignes suffisamment écartées on peut avoir recours aux houes mul-

Fig. 38 *bis*. — ROULAGE DU BLÉ.

tiples *mues* par les chevaux, c'est alors un véritable *binage*.

Ce binage, dans les sols à végétation exubérante, a l'inconvénient de les faire pousser trop verts, il faut alors se contenter d'arracher les plantes nuisibles.

Fin avril et commencement de mai, lorsque le seigle a épié, il est bon de pratiquer l'*esseiglage :* tous les épis de seigle qui dominent la récolte sont coupés alors avec une faucille.

6° **Irrigation**. — Dans les contrées méridionales, on *irrigue* quelquefois le froment. L'irrigation convient aux terrains perméables et permet d'obtenir des rendements plus élevés.

---

1. Les plantes nuisibles que l'on trouve dans les différents sols où l'on cultive le blé sont :

Sols argileux. — L'agrostis traçante, l'avoine à chapelet, la folle avoine, l'ivraie vivace, la nielle, la ravenelle, la moutarde des champs, le pas-d'âne, le liseron des champs, la renoncule des champs, la camomille puante.

Sols calcaires et marneux. — Le peigne de Vénus, le bluet, le coquelicot, le mélampyre des champs, la vesce velue, la gesse sans feuille, l'aiguille (scandix peigne de Vénus), le muscari, le grémil des champs, la dolite d'été, la nigelle, le pied d'alouette, le chardon.

Sols siliceux. — Le vulpin des champs, la petite oseille, la houlque molle, la spergule, le coquelicot, le bluet et le grémil s'y développent également, la Ers (jardiau).

CHAPITRE VII

ACCIDENTS ET MALADIES DU BLÉ

Pendant sa végétation, le froment est exposé à un certain nombre d'accidents, de maladies et de ravages qui lui causent souvent de grands préjudices. Comme accidents on peut citer : la coulure, la chlorose, la verse, et comme maladies, le *piétin*, la *rouille*, l'*échaudage*, la *carie*, le *charbon*, la *nielle*, la *rouille*.

20. Coulure. — La coulure, qui empêche la formation du grain, a lieu à la suite de pluies prolongées ou de brouillards intenses. Elle peut être entière : dans ce cas, les épis restent droits et blanchissent bien avant la maturité. La coulure est le plus souvent partielle, alors elle se borne à faire avorter les fleurs de l'extrémité de l'épi ou encore à réduire le nombre de grains dans chaque épillet.

Nous ne possédons aucun moyen pour empêcher la coulure.

21. Chlorose. — Lorsque, à la sortie de l'hiver, la température est froide et humide, il arrive que les blés jaunissent, cela peut être dû à la pauvreté du sol et à l'humidité excessive ; il est donc bon d'assurer l'écoulement de l'eau surabondante et d'épandre un engrais approprié au sol, nitrate de soude, ou encore un mélange de nitrate et de superphosphate.

22. Verse. — Dans certaines régions, cet accident est très fréquent. La verse se produit surtout dans les années chaudes et humides. Dans les sols riches en azote la nitrification étant très active, la plante se développe très vite, les tiges se pressent les unes contre les autres, reçoivent par suite peu de lumière et s'allongent pour arriver au jour, le bas des tiges reste blanc, il est étiolé, le moindre orage suffit alors pour les coucher.

Si la verse se produit avant la floraison, la perte est très grande. Après pleine floraison, les dégâts seront atténués, la plante ayant tiré du sol les éléments nécessaires à la formation du grain. Dans tous les cas le grain reste maigre, il a perdu de sa qualité et il y a une forte diminution en poids. Si la verse ne se produit que quelques jours avant la maturité, la diminution de rendement est peu sensible, mais alors la récolte est plus difficile et plus coûteuse ; la paille a perdu de sa qualité.

La verse est souvent due au manque d'équilibre entre les différents éléments fertilisants, les fumures trop riches en azote l'occasionnent. Le piétin peut également l'occasionner.

On combat les causes de la verse en ayant recours aux abondantes fumures phosphatées, en semant clair et en lignes. On diminue les chances de verse des blés en pratiquant l'effoliage au printemps, enfin on peut choisir aussi les variétés de blé à paille raide.

23. Piétin. — La verse peut être aussi occasionnée par une maladie spéciale appelée *piétin* ou maladie du pied.

Le piétin se reconnaît à partir de la floraison ; à cette époque les feuilles jaunissent, la tige se dessèche. Les épis restent droits et vides : s'il y a quelques grains, ils sont légers, peu nourris.

Fig. 3o.
Chaume de blé
attaqué
par le piétin.

D'après M. Mangin, le parasite du piétin qui provoque la verse, est le *Leptosphœria herpotrichoïdes*, il empêche de plus l'épiaison ; l'*ophiobalus graminis*, indiqué par MM. Prillieux et Delacroix, ajoute son action à celles du Leptosphœria, mais ne joue dans le développement de la maladie qu'un rôle secondaire.

Dans le piétin, les entre-nœuds situés près du sol sont atteints par le parasite, ils présentent des plaques brunes plus ou moins étendues, et sur les autres parties apparaissent de petits points noirs très ténus. Les tissus de la tige qui correspondent aux plaques noires sont envahis par le filament du parasite.

Le piétin, en diminuant la solidité de la tige à la base, amène la verse.

La fructification du parasite ne se produit que sur les chaumes desséchés, et cela en hiver sur ceux restés dans le champ.

Pour empêcher la propagation, on recommande d'incendier les chaumes après la moisson.

Certaines variétés de blé sont plus atteintes que d'autres, tels sont les blés précoces.

On devra, pour atténuer le développement du piétin, ne pas faire revenir très souvent du blé sur le même champ. Il est bon aussi de semer les blés assez clairs pour que les plants deviennent vigoureux. et d'augmenter la quantité des engrais phosphatés.

D'après beaucoup de cultivateurs. les blés faits après sainfoin seraient souvent atteints par le piétin.

24. Rouille (*puccinia graminis*). — La rouille est occasionnée par plusieurs champignons qui absorbent les principes élaborés par la plante. Les grains restent alors petits ou ridés. La paille perd de sa valeur et peut être nuisible à la santé des animaux : les chevaux qui en consomment peuvent être atteints de colique. de diarrhée.

Pour que la rouille des graminées puisse se développer sur le blé, il faut que les spores provenant de la plante qui les a

produites et qui se sont conservées sur le sol pendant l'hiver, trouvent au printemps une plante nouvelle (épine-vinette) ; alors elles y germent et forment des taches (*Œcidium*). Les spores de l'œcidium sont transportées par les vents au printemps. sur les graminées, y germent si elles rencontrent des conditions convenables de chaleur et d'humidité, et produisent la *rouille rouge* des céréales (*uredo*). On la rencontre sur les feuilles, les tiges et les glumes au commencement de la saison. La dissémination du mal peut se faire alors sur de grandes étendues.

Plus tard les pailles présentent des taches noirâtres, c'est la *rouille noire* (*Puccinia*). dont les spores portent des corps arrondis appelés sporidies. Ce sont ces sporidies qui germent sur les feuilles de l'épine-vinette et reproduisent l'œcidium.

Pour empêcher cette rouille, qui est appelée rouille linéaire. de se développer, il faut donc détruire les épine-vinettes.

Fig. 4. — Épi et feuille de blé attaqués par la rouille.

Les expériences de M. Erickson ont cependant démontré que l'on trouve la rouille linéaire sur les céréales dans les pays où ne croit pas l'épine-vinette : les travaux de MM. Prillieux et Delacroix ont permis de distinguer l'existence de rouilles autoïques n'ayant pas besoin de plantes nourricières.

Il existe aussi la *rouille tachetée* (*Puccinia rubigo vera*) qui cause également de grands ravages, non seulement sur le blé, mais aussi sur les autres céréales : seigle, orge, avoine, ainsi que sur d'autres graminées : agrostis, brômes, vulpins, houlques, etc... : ici l'œcidium, au lieu de se développer sur l'épine-vinette, se développe sur les plantes de la famille des borraginées : la bourrache officinale, la buglose officinale, la buglose des champs, le grémil des champs, la vipérine, et surtout sur le lycopside des champs. Toutes ces plantes doivent être détruites.

Cette maladie est à redouter dans les années humides et lorsque les blés ont une végétation trop exubérante.

Pour combattre la rouille, il faut choisir les variétés les plus résistantes à cette maladie et ne pas abuser des engrais azotés. On a recommandé aussi les sulfatages, mais ils sont malheureusement peu pratiques.

25. Échaudage. — D'après M. Vacher, il provient de la rupture d'équilibre, entre l'absorption par les racines et l'évaporation par les feuilles ; la feuille évapore par jour son propre poids d'eau, et dans une terre peu profonde, légère, la réserve en eau est vite éteinte, dès lors la feuille tend à évaporer plus d'eau qu'elle n'en reçoit des racines, on a alors des blés échaudés.

L'échaudage se produit lorsque le blé opère sa maturation et lorsque surviennent de forts coups de soleil.

Lorsqu'on a à craindre l'échaudage, il faut choisir des variétés très hâtives, semer suffisamment épais pour diminuer le tallage et forcer la dose des engrais phosphatés afin d'avoir une maturation précoce.

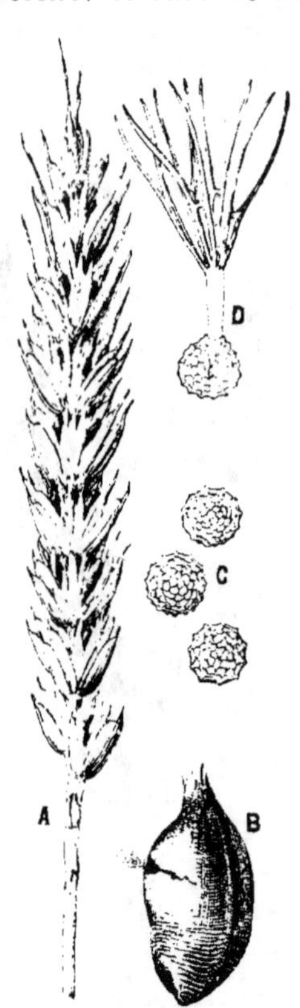

FIG. 41. — CARIE DU BLÉ.

A, *Épi malade* ; B, *grain carié* ; C, D, *spores de la carie et spore germant* (*très fort grossissement*).

26. Carie du blé. — Cette maladie est produite par la *Tilletia caries*, champignon qui remplit le grain de ses spores.

Le grain carié, au lieu d'être ovoïde est considérablement renflé et moins long, il a une couleur d'un gris foncé et il éclate à la moindre pression, en laissant échapper son contenu en poussière noire, à odeur fétide.

Les épis cariés sont plus légers que les sains, ils sont dressés et ont un aspect ébouriffé. Les spores de la carie envahissent les grains sains, surtout au battage, en se logeant dans le sillon et dans la houppe. Les spores sont alors transportés dans les champs avec les grains, elles germent sous forme de filaments allongés qui s'introduisent dans les racines du blé, se développent avec la plante, s'y étendent et arrivent dans l'ovaire. On détruit les spores de ce champignon par le sulfatage des semences. (Voir page 58.)

27. Charbon des céréales. — Le charbon est dû à l'*ustilago carbo*, qui est un champignon appartenant à la même famille que celui de la carie (f. des ustilaginées). Il se développe d'ailleurs de la même façon. Les organes floraux sont complètement détruits, l'axe de l'épi est couvert d'une poussière noire, sans odeur, que le vent dissipe très facilement.

Le sulfatage des semences ne donne pas d'aussi bons résultats que pour la carie. L'eau chaude à 54° réussit mieux.

28. Anguillule du blé ou nielle. — Cette maladie est due à un petit ver nématode, le *Tylenchus tritici*. Les anguillules se rencontrent dans les grains et s'y conservent; si on confie au sol des grains niellés, l'humidité fait sortir les petits vers des grains qui n'ont pu germer et qui ont pourri, puis pénètrent dans les plantes bien

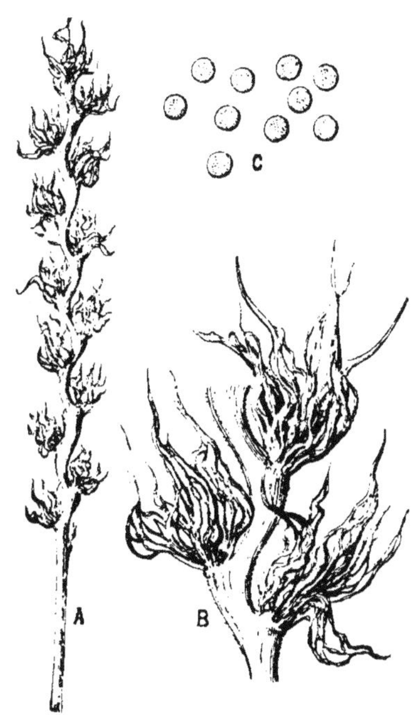

Fig. 42. — Charbon du blé.

A, *Épi malade*: B, *Trois épillets fortement grossis, montrant la disparition des graines et la découpure des glumes en lanières*; C, *Spores fortement grossies*.

portantes où ils s'établissent dans l'intervalle des feuilles. Arrivés vers l'épi ils pénètrent dans le grain ; les femelles fécondées pondent et périssent, chaque œuf donne une anguillule. Les plantes attaquées sont de bonne heure rachitiques, les premières feuilles jaunissent, les épis sont irréguliers. Les grains niellés sont raccourcis, noirâtres. Si on les coupe, on voit à l'intérieur une matière nacrée constituée par les anguillules.

Pour leur destruction on peut faire tremper les semences pendant vingt-quatre heures dans une solution de 1 d'acide sulfurique pour 150 d'eau.

On peut encore citer comme attaquant le blé : l'*Erysiphe graminis*, champignon qui se développe sur les feuilles en formant des taches grisâtres devenant rouges après la chute du duvet qui les recouvre. Cette maladie est connue sous le nom de *Meunier blanc*.

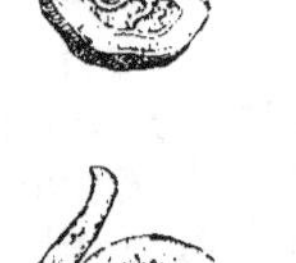
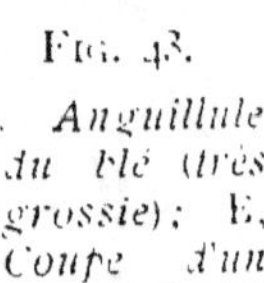

Fig. 43.

A. *Anguillule du blé (très grossie)*; B, *Coupe d'un grain de blé niellé.*

Le *septoria graminum*, champignon qui se développe au printemps et en été sur les feuilles qui jaunissent. A la base des chaumes on aperçoit un grand nombre de petits points noirs ou bruns. Le septoria exerce surtout ses ravages pendant les hivers doux et pluvieux. On recommande, pour le détruire, le sulfatage des semences ainsi que des pulvérisations au sulfate de cuivre, au printemps. L'*ergot* attaque très peu le blé, nous l'étudions au seigle.

29. Insectes qui attaquent le blé pendant sa végétation.

— Les insectes qui attaquent le blé pendant sa végétation sont assez nombreux. On peut citer :

Le Taupin (Elater segetis), petit coléoptère dont la larve, qui est cylindrique, jaunâtre, à peau écailleuse, coupe les racines entre deux terres.

Les oiseaux et les taupes sont les meilleurs auxiliaires pour leur destruction.

La Cécydomie du froment (C. tritici), petit dyptère, qui, au moment de l'épiage, pond ses œufs entre les glumes sur les ovaires; quelques jours après, les larves en provenant rongent les grains à mesure qu'ils se développent.

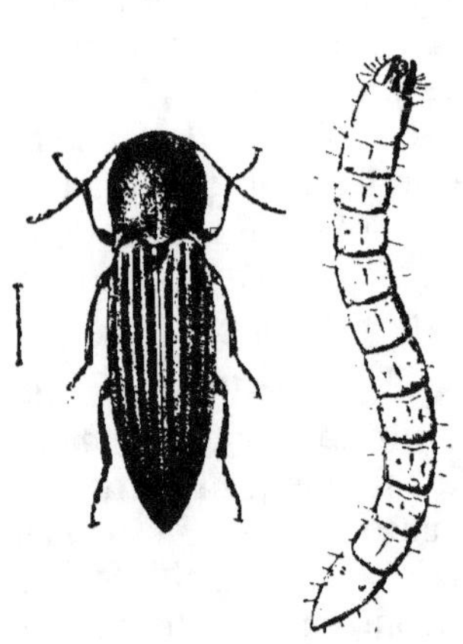

Fig. 44. — TAUPIN ET LARVE DU TAUPIN.

La larve, pour se métamorphoser, saute à terre, s'enfonce dans le sol et y reste jusqu'au mois de juin suivant.

Pour sa destruction, on peut allumer le soir près des champs de blés des feux où les mouches viennent se brûler.

La Cécydomie destructive (C. destructor), ou mouche de Hesse, pond ses œufs en avril sur les feuilles; les larves descendent vers le premier nœud (plus tard on en trouve sur tous les nœuds), y creusent des galeries et sucent la sève; les tiges sont alors très

Fig. 46. — Saperde (Calamobie).

cassantes, elles peuvent aussi se dessécher vers le haut et pourrir à la base. Il peut y avoir plusieurs générations

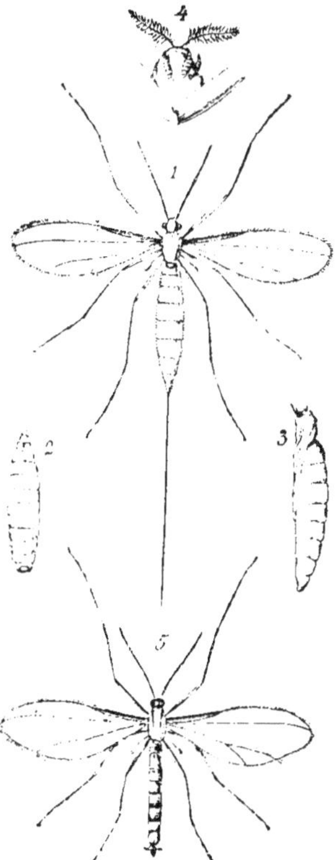

Fig. 45 — Cécydomie du froment et destructive.

1. Cécydomie du blé femelle (grossie 5 fois); 2. Sa larve; 3. Sa nymphe; 4. Larves dévorant un grain de blé (grossies 2 fois); 5. Cécydomie destructive mâle (grossie 5 fois).

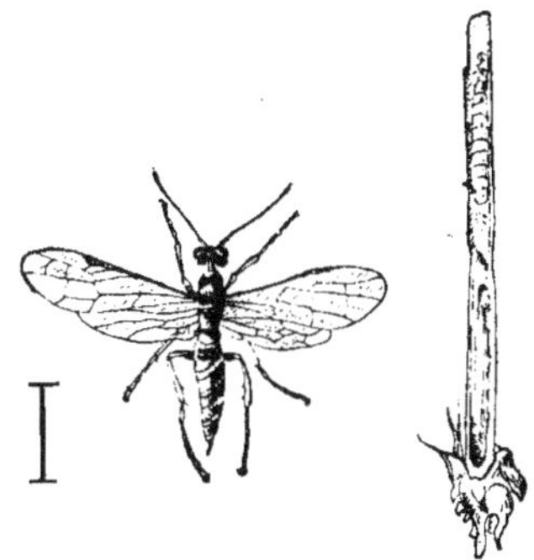

Fig. 47. — Céphe pygmée et sa larve.

par an. La dernière peut se produire après la moisson, et la femelle pondre sur les blés en herbe.

On recommande comme moyens de destruction de brûler les chaumes; de pratiquer des labours profonds et de faire des semis tardifs.

La saperde (Saperda gracilis) est un petit insecte de 10 à 12 millimètres de long dont la femelle dépose, en juin, un œuf dans la tige, un peu au-dessous de l'épi: la larve qui en naît ronge l'intérieur de la tige, l'épi se flétrit et reste vide: la larve vient hiverner au bas de la tige.

On recommande, pour la destruction, de brûler les chaumes après la moisson.

Le Cèphe pygmée (Cephus pygmæus) apparaît en mai ; la femelle dépose, dans le nœud le plus élevé de la tige, un œuf, la larve en provenant descend à l'intérieur du chaume et se fixe à 4 ou 5 centimètres du sol pour y passer l'hiver dans un cocon, et se métamorphoser en mai. Les dégâts que commet le cèphe sont assez considérables.

Comme moyen de destruction, on a préconisé de brûler les chaumes après la moisson.

Le Chlorops linéolé (Chlorops lineata) est un petit diptère de 3 millimètres de long, qui se montre à la fin d'avril ; la femelle pond sur les tiges ; les larves pénètrent à l'intérieur, se fixent au premier nœud dont elles amènent le grossissement en suçant les tissus. La métamorphose a lieu dans les tiges ; en septembre, la nymphe donne naissance à une mouche qui va pondre sur les jeunes blés ou seigles.

Pour éviter l'envahissement de cet insecte, il faut alterner les cultures.

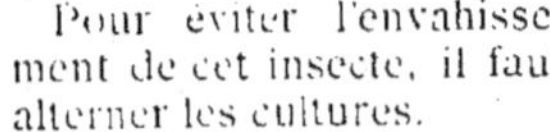
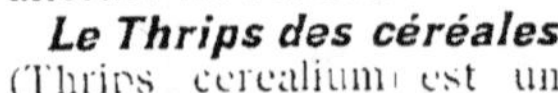

FIG. 48. — CHLOROPS, LINÉOLÉ ET SA LARVE.

FIG. 49. THRIPS DES CÉRÉALES. (Très grossi.)

Le Thrips des céréales (Thrips cerealium) est un très petit hémiptère noir qui donne des larves rouges que l'on trouve à

FIG. 50. — CAMPAGNOLS.

partir de juin, entre les glumes, où elles sucent la sève des grains. Les dégâts sont peu importants.

Mulots et campagnols — Ces rongeurs peuvent occasionner des dégâts considérables dans les champs de blé depuis les semis jusqu'à la maturité. Pour les détruire, il faut une entente de tous les cultivateurs d'une même contrée. On peut employer le blé arsenique. La formule suivante est recommandée : 10 kilog. de froment, 1 kilog. de mélasse, 1 kg. 500 d'acide arsénieux, 0 kg. 500 de farine, un peu d'essence d'anis. Quelques grains sont alors déposés dans chaque trou habité et on bouche avec le talon.

On peut avoir recours aussi au pain de baryte du D' Hiltner, qui est composé de 80 parties de blé et 20 parties de carbonate de baryte précipité ; ce pain, une fois trempé dans du lait écrémé, ou aspergé d'essence d'anis, est déposé dans les trous des rongeurs (2 ou 3 morceaux par trou).

Le carbonate de baryte est un poison violent.

Les pâtes phosphorées, qui sont très efficaces, peuvent être dangereuses pour l'homme.

Le blé peut être également empoisonné par la noix vomique.

M. Jourdain recommande la formule suivante : eau, 10 litres ; noix vomiques concassées, 1 kilog. ; acide tartrique, 10 grammes ; blé, 10 kilog.

On fait bouillir pendant 30 à 45 minutes, un kilog. de noix vomiques dans 10 litres d'eau additionnée de 20 grammes d'acide tartrique.

Ensuite on ajoute 10 kilog. de blé en remuant un peu. La noix vomique est dangereuse pour le gibier et les animaux domestiques. Pour éviter les accidents, on peut verser le grain empoisonné seulement dans les trous des rongeurs.

On peut employer aussi le virus Loffler ou le virus Danysz qui est très efficace.

Pour le traitement d'un hectare par le virus Danysz on emploie : une bouteille de virus dans trois litres d'eau additionnée de 15 grammes de sel de cuisine. Ce liquide sert à mouiller 10 kilog. d'avoine ou 15 kilog. de blé, que l'on laisse en tas pendant 4 à 5 heures avant de l'employer.

Pour que le virus agisse plus énergiquement, il est bon d'ajouter 10 grammes de carbonate de baryum.

Le virus Danysz est inoffensif pour les oiseaux et les animaux de la ferme. L'appât est placé à l'entrée des trous des rongeurs.

Enfin les semis de blé peuvent être aussi ravagés par ***les corbeaux***. Pour s'en préserver, M. Tétard conseille d'enduire les semences de 6 litres de goudron additionné de 3 litres de pétrole et de 1 litre d'acide phénique, cela pour 10 quintaux de semence.

La semence goudronnée ne peut être semée telle quelle ; elle adhérerait aux cuillers du semoir. On remédie à cet inconvénient en versant sur le tas de blé environ 10 litres de phosphate naturel pulvérisé, pour 10 quintaux.

M. Bauwens indique qu'en Belgique on praline les semences dans du minium humecté d'un peu d'eau ou d'un peu d'huile de pétrole.

LE SEIGLE

CHAPITRE VIII

NOTIONS PRÉLIMINAIRES

Le **seigle** appartient au genre *secale* et à l'espèce *secale cereale*. Il existe en France depuis les temps les plus reculés.

C'est par excellence la céréale des terrains pauvres, montagneux, des climats rudes. Pour la nourriture de l'homme, il vient immédiatement après le blé. Dans le centre, il est souvent désigné sous le nom de *blé*, celui de *froment* étant réservé à la céréale que nous avons étudiée précédemment.

Cette plante est très cultivée dans les montagnes du centre et les parties siliceuses de Belgique, dans toute la partie septentrionale de l'Allemagne, en Suède et en Russie. En France l'étendue de terrain consacrée au seigle a diminué régulièrement de 1840 jusqu'à nos jours. On a cultivé en moyenne par an (de 1899 à 1908) : 1 322 870 hectares, qui ont produit 19 652 120 hectolitres ou 14 201 690 quintaux, soit 14 hecto litres 85 par hectare. L'hectolitre a pesé 72 kg 26.

30. Caractères du seigle. — Le seigle a une *tige* simple, lisse, dressée, portant des nœuds qui donnent attache aux feuilles ; ces feuilles sont alternes, planes, allongées, peu larges, rudes, aiguës ; l'épi est long ; les épillets ne renferment jamais plus de trois fleurs et l'on ne rencontre que deux grains.

La *fécondation* des fleurs se fait toujours lorsque les glumelles sont écartées. A ce moment, les étamines qui pendent s'ouvrent et laissent échapper leur pollen qui flotte en nuage sur le champ et féconde l'ovaire.

Le *grain* est moins gros que celui du froment, mais il est plus long ; il est plus pâle, d'un gris verdâtre.

Mode de végétation. — Le grain de seigle, mis dans des conditions convenables, germe au bout de huit à dix jours. Comme pour le blé, la végétation de cette céréale ne peut commencer que si la température moyenne a atteint depuis quelques jours 6° au-dessus de zéro.

La première feuille cotylédonaire est rougeâtre.

Le seigle *talle* moins que le blé, son tallage est généralement terminé avant l'hiver. Fin février et mars, les tiges commencent à se développer et l'épiage a lieu dans la deuxième quinzaine d'avril et au commencement de mai.

FIG. 51. — SEIGLE.

1, *épi*; 2, *port de la plante*; 3, *épillet*; 4, *fleur isolée*; 5, *fleur dépourvue de ses enveloppes*; 6, *grain*.

D'après A. de Gasparin, le seigle fleurit à 14° et sa récolte se fait par une température de 19°.

Pour la production d'un gramme de matière sèche, il y a une évaporation de 166 grammes d'eau. Une récolte de 21 quintaux évapore 1046 mètres cubes d'eau.

Le seigle est une plante très rustique, résistant très bien en général à nos hivers, mais il est très sensible, lors de sa floraison, aux gelées de printemps. En Europe, il végète sous toutes les latitudes et à une altitude très élevée, sans dépasser cependant, dans les Alpes, 2200 mètres.

31. Variétés. — On ne cultive qu'une seule espèce de seigle, le seigle commun, qui a donné naissance à plusieurs variétés.

Le **seigle commun** d'hiver est le plus cultivé ; son grain, comme volume, varie suivant les sols où il est semé. On recherche beaucoup ceux de *Brie* et de *Champagne* (fig. 52).

Le **seigle géant d'hiver** n'est pas très répandu ; il est très vigoureux, assez précoce. Sa paille est résistante, bien droite ; l'épi large et bien rempli (fig. 53).

Le **seigle grand de Russie** a la paille haute à épi large donnant un gros grain.

Le **seigle des Alpes** est très estimé ; il a les épis longs et larges. Le grain est très beau ; la paille est moyenne.

Le **seigle de Schlanstedt** est une variété très vigoureuse, à paille élevée ; son épi est très long, le grain est très beau. Ce seigle, qui est tardif, est assez exigeant. Beaucoup de cultivateurs l'ont abandonné à cause de la grossièreté de sa paille (fig. 54).

Le **seigle de Petkus** a un épi moins long que celui de Schlanstedt, mais il est plus serré ; la paille est moins longue ; le rendement est élevé.

On peut encore citer le seigle de la *Saint-Jean* ou *seigle multicaule*, que l'on peut semer en juin ; prendre une récolte de fourrage vert avant l'hiver et une récolte en grain l'année qui suit.

Comme variétés de printemps on peut signaler :

Le **seigle de mars** ou **seigle trémois** qui est très hâtif ; il a une paille courte, son grain est petit, mais lourd (fig. 55).

Le **seigle d'été de Saxe** est assez précoce, très cultivé, car il est assez productif, son grain est plus gros que celui de la variété précédente. Sa paille est haute.

32. Composition du seigle. — D'après Boussingault, pour 100 parties de la plante on a :

```
Grain  . . . . . . . . . . . . . . . . . . . . . . .   24.4
Paille. . . . . . . . . . . . . . . . . . . . . . .    59.5
Chaume . . . . . . . . . . . . . . . . . . . . . .    10,1
```

Le poids de l'hectolitre de grain est en moyenne de 74 kilo-grammes.

A la mouture, le seigle donne, pour 100 kilogrammes :

```
Farine première. . . . . . . . . . . . . .   43 kg. 2 ⎞
   —   seconde . . . . . . . . . . . . . .   16 kg. 8 ⎬ 73.60
   —   troisième. . . . . . . . . . . . .   13 kg. 6 ⎠
Sons. . . . . . . . . . . . . . . . . . .    24 kg. 0
Perte . . . . . . . . . . . . . . . . . .     2 kg. 4
                                             ________
          Total . . . . . . . . .   100 kg. 0
```

Pour avoir de belle farine, il faut ne tirer que 40 à 50 pour 100 de farine première. l'enveloppe du grain se brisant facilement par les remoulages.

100 kilogrammes de farine de seigle donnent 145 kilo-grammes de pain. Le pain de seigle est sain et savoureux, il se maintient frais assez longtemps, il est, de plus, très rafraî-chissant.

D'après Boussingault, le grain, la paille et les balles renfer-ment :

	GRAIN	PAILLE	BALLES
Eau.	16,6	18,6	14,3
Matière azotée	9,0	1,5	3,6
Amidon, dextrine, etc. . . .	67,5	43,0	29,7
Matières grasses	2,0	1,5	1,4
Cellulose.	3,0	32,4	43,5
Cendres	1,90	3,0	7,5

La farine de seigle. en proportion presque égale avec le miel, fournit le pain d'épice. qui est un produit laxatif.

Le grain est utilisé en distillerie : il sert aussi, concassé ou cuit. à l'alimentation des animaux. qui en sont très friands.

La paille de seigle est la plus estimée de toutes les pailles, elle sert pour le liage des gerbes de céréales, à la fabrication des paillassons. à l'accolage de la vigne. On l'utilise aussi pour l'empaillage des chaises. pour la couverture des meules et des chaumières. Enfin elle sert encore à la fabrication des chapeaux

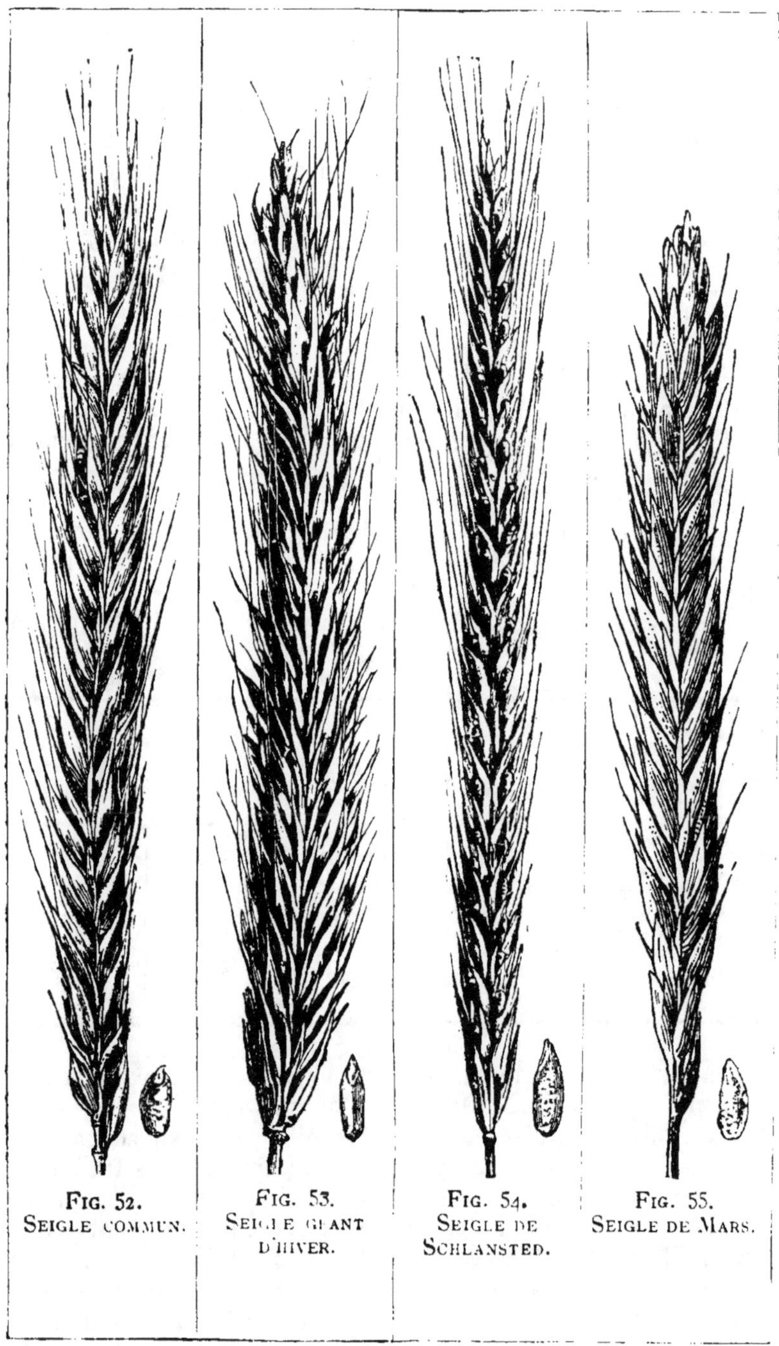

<table>
<tr><td>FIG. 52.
SEIGLE COMMUN.</td><td>FIG. 53.
SEIGLE GÉANT
D'HIVER.</td><td>FIG. 54.
SEIGLE DE
SCHLANSTED.</td><td>FIG. 55.
SEIGLE DE MARS.</td></tr>
</table>

de paille, au remplissage des paillasses de lit. Comme litière et fourrage, elle est moins estimée que celle de froment.

33. Rendement. — *Le rendement* du seigle varie suivant les sols où il est cultivé. Dans les terres pauvres, il ne va pas au-dessus de 8 à 10 hectolitres par hectare, tandis que dans les sols riches il peut atteindre 30 à 35 hectolitres.

34. Place du seigle dans l'assolement. — Comme le blé, le seigle peut venir après *jachère, plantes sarclées, fourrages annuels* et souvent après *céréales*: il réussit bien sur défrichement de prairies artificielles ou temporaires.

Le seigle aime beaucoup un sol très ameubli, aussi pour les sols argileux, la jachère est tout indiquée pour leur préparation.

Après fourrages annuels, il réussit très bien à la condition d'être semé en septembre. Il en est de même après *prairies temporaires ou artificielles*, mais le sol doit recevoir plusieurs labours.

Il vient rarement après plantes sarclées, ces plantes laissant le sol libre trop tard.

Il suit souvent le blé, alors il occupe une partie du terrain qui aurait été mis en avoine.

35. Sols qui conviennent au seigle. — Le seigle est la plante des terrains légers, calcaires, siliceux, granitiques, schisteux et quartzeux: il vient moins bien sur les sols argileux et argilo-siliceux, car il craint l'humidité. Il réussit également bien dans les terrains de bruyères et de landes soumis à l'écobuage. Cette céréale, qui est douée d'une grande rusticité, peut croître dans une terre pauvre: elle résiste très bien aux mauvaises herbes. Comme il est hâtif, le seigle peut être cultivé là où le froment ne mûrirait pas. Ses racines atteignent, en moyenne, une longueur de 45 centimères.

36. Les besoins d'engrais du seigle; fumures employées. — M. Garola a trouvé qu'une récolte de seigle de 35 hectolitres, pour constituer la matière sèche contenue dans les grains, pailles et racines, soit 7 626 kilogrammes ou 6 471 kilogrammes, déduction faite de ce que contiennent les racines, devait absorber :

	Grains, pailles et racines.	Grains et paille.
Azote	100,8	98,3
Acide phosphorique	38,6	35,9
Chaux	63,9	49,1
Potasse	130,6	125,8

Comme on le voit, cette plante exige un peu moins d'azote et d'acide phosphorique que le blé pour produire 40 hectolitres. Quant à la potasse, elle en exige moins que le blé de mars et que celui d'automne.

Le seigle, dès le début de la végétation jusqu'à la fin de la floraison, est très sensible à l'action des engrais facilement assimilables.

Il faut au seigle, à l'automne, de l'acide phosphorique; il demande surtout de l'azote, du tallage à la fin de la floraison.

Comme pour le froment, l'absorption de la potasse est active jusqu'à la floraison.

Le seigle est moins exigeant que le blé, relativement à la nature calcaire du terrain.

C'est l'acide phosphorique, après la potasse, que le seigle assimile avec le plus d'avidité pendant la première phase de son développement.

Dans les sols pauvres en acide phosphorique, les superphosphates ou les scories de déphosphoration doivent jouer un grand rôle relativement au départ de la végétation du seigle. A partir du tallage, cette prépondérance de l'acide phosphorique est remplacée par celle de l'azote, mais jusqu'à la maturité le rôle de l'acide phosphorique reste très actif.

Fumures employées. — Tout ce que nous avons dit, à propos du blé, sur *la terre et les éléments qu'elle contient* (page 38) et sur les engrais à employer (page 40 à page 52) pourrait être répété à propos du seigle; nous n'avons rien à ajouter.

Tout ce que l'on peut faire remarquer, c'est que, comme engrais phosphatés, 150 à 300 kilogrammes de superphosphate de chaux suivant la pauvreté du sol en acide phosphorique sont suffisants, puisque les besoins du seigle en acide phosphorique sont moindres que ceux du blé.

Tout ce que nous avons dit sur l'emploi des engrais pour le blé s'applique au seigle.

CHAPITRE IX

CULTURE PROPREMENT DITE DU SEIGLE

37. Préparation du sol. — Plus le terrain destiné à recevoir le seigle sera compact, plus il conviendra de l'ameublir. En général les mêmes travaux de préparation que l'on donne aux terres destinées au froment doivent être donnés à celles devant être mises en seigle. Leur préparation variera suivant leur nature. Il faut se souvenir que le seigle demande un sol très ameubli. Un adage dit : « Sème ton seigle en terre poudreuse. »

On ne devra jamais semer sur un labour récent. Avant les semailles, le sol doit avoir été tassé, car il est rare que l'on obtienne une bonne récolte avec un semis fait sur un sol creux.

38. Fumures. — (Voir plus haut, p. 83.)

39. Semailles. — La semence de seigle doit être de la dernière récolte. Les grains de seigle de deux ans ont déjà perdu beaucoup de leur faculté germinative. Comme pour le froment, il est bon, pour avoir des semences de choix, que le seigle ait été passé au trieur. On se trouve bien également du vitriolage.

Il est bon de faire remarquer que, si l'on veut conserver les variétés de seigle pures, il ne faut pas semer plusieurs variétés les unes à côté des autres ; la fécondation croisée étant de règle chez le seigle.

Le *seigle d'automne* se sème plus tôt que le froment; il faut qu'avant l'hiver ses racines se soient bien développées et qu'il ait eu le temps de taller.

Plus le climat est froid et le sol pauvre, plus on devra semer tôt. En général, le seigle se sème dans la dernière quinzaine de septembre. Cependant dans les contrées à haute altitude. le semis a lieu dès le 25 août. Quand on craint que des gelées se produisent en mai il convient de faire les semailles un peu plus tard.

Le *seigle de printemps* se sème depuis le mois de février jusqu'en avril, selon le sol. l'altitude et le climat. Ce seigle occupe souvent la place de l'avoine de printemps dans les sols siliceux où cette dernière plante ne réussit que médiocrement; il peut la remplacer très avantageusement.

La **quantité de semence** à mettre par hectare est en général la même que celle du froment, le seigle, quoique, ayant une semence plus petite, talle moins. Au semoir en ligne, on met 140 litres par hectare, et à la volée 180 à 200 litres. Dans les sols très pauvres on va jusqu'à 280 litres.

Les seigles de printemps se sèment un peu plus épais.

La semence doit être enterrée peu profondément; comme le dit un proverbe, le seigle aime voir le ciel. Le semis doit être opéré par un temps sec.

40. Soins d'entretien. — Cette plante est moins exigeante que le froment. Souvent, lorsqu'elle a émis sa quatrième feuille, on donne un roulage dans le but de favoriser le tallage, ce roulage a encore l'avantage de niveler la surface du sol. Si le sol commençait à être envahi par les mauvaises herbes, le roulage serait précédé d'un hersage.

S'il est nécessaire, les dérayures doivent être nettoyées afin d'assurer l'écoulement des eaux.

Au printemps, avant la montée, on peut enlever les mauvaises herbes par le sarclage.

ACCIDENTS. — MALADIES. — INSECTES
QUI ATTAQUENT LE SEIGLE

Froid. — Le seigle ne craint pas les froids de l'hiver, mais il est très sensible aux gelées blanches qui se produisent en mai pendant la floraison. Les épis alors blanchissent et sont le plus souvent vides.

Coulure. — On attribue souvent au manque de température suffisante la coulure du seigle, la mauvaise germination du pollen. D'après M. Schribaux la coulure proviendrait le plus souvent d'une alimentation insuffisante de l'épi au moment de la floraison et de la fécondation.

Rouille. — Le seigle, comme le froment, peut souffrir des rouilles linaire et tachetée, produites par l'épine-vinette et les plantes de la famille des borraginées. Toutes ces plantes doivent être détruites.

Ergot. — La maladie la plus redoutable du seigle est l'ergot. L'ergot est un sclérote qui fructifie en mai sur le sol; les spores du champignon, le *Claviceps purpurea*, sont transportées par les insectes sur les fleurs du seigle; le champignon alors se substitue à l'ovaire, croit à sa place. On voit alors un corps allongé, rouge violet, c'est l'ergot.

Seuls les ergots de la dernière récolte sont capables de produire des fructifications de *claviceps* : ceux de deux ans ne le peuvent.

La farine de seigle qui contient de 3 à 5 pour 100 d'ergot peut produire chez les personnes qui consomment le pain en provenant, la maladie de l'ergotisme, qui est une maladie gangreneuse très grave.

L'ergotisme présente deux formes : la forme convulsive et la forme gangreneuse. La première débute par des vertiges, des fourmillements, des crampes, des convulsions; le malade finit par ne plus pouvoir se mouvoir, perd la vue et meurt.

Dans l'ergotisme gangreneuse, en plus de ce qui se produit avec l'ergotisme convulsif apparaît une gangrène sèche qni amène la chute des parties atteintes.

L'ergotisme atteint l'homme et les animaux.

On ne connaît pas de traitement curatif de cette affection.

Pour se débarrasser de l'ergot il importe de trier les semences avec soin et de ne pas semer deux seigles de suite sur le même champ.

On peut enlever les ergots que le seigle renferme par immersion du grain dans une solution à 10 pour 100 de chlorure de potassium, les grains ergotés surnageront.

Quant aux grains sains, ils se rassemblent au fond du récipient. Une fois sortis ils doivent être lavés à l'eau pure et séchés le plus rapidement possible. La présence de la potasse au contact des grains étant nuisible à la germination.

Les eaux de lavage peuvent être utilisées comme engrais, car elles contiennent un peu de potasse.

Le seigle est quelquefois atteint aussi par les **anguillules** (*Tylenchus devastatrix*). Alors la base des pousses s'épaissit et prend l'aspect bulbeux. Les pieds atteints sont désignés sous le nom de seigles oignonnés.

FIG. 50. — ERGOT DU SEIGLE.

Pour éviter cette maladie on devra ne pas faire revenir le seigle sur le même terrain avant 2 ou 3 ans et y cultiver d'autres plantes que les céréales. Le fumier produit avec la paille de seigle oignonné ne doit pas être employé pour la fumure des céréales.

On a recommandé aussi d'arracher tous les pieds malades et de les brûler.

Le seigle est très peu atteint par les insectes, on peut cependant signaler le **chlorops du seigle**, dont la larve arrête la croissance des tiges ; il faut arracher les plantes attaquées et les brûler, et la **phalène du seigle** dont la chenille ronge le chaume.

Le **Thrips céréalum**, long de 1 millimètre et demi environ peut attaquer le seigle, il se rencontre surtout dans les glumes autour de l'ovaire ; les grains ne se développent pas et l'épi sèche.

LE MÉTEIL

Le **méteil** *résulte du semis d'un mélange de seigle et de froment.*

Les statistiques montrent que les espaces cultivés en méteil
diminuent de plus en plus et cela à mesure que s'élève son
rendement.

En 1840, on trouve plus de 900.000 hectares de méteil donnant
un rendement de 12 hectolitres 00 par hectare.

En 1900 il n'y avait plus que 200.500 hectares occupés par le
méteil et en 1907, 144.240 seulement qui ont produit 1.855.616
quintaux ou 2.488.462 hectolitres, soit par hectare 17 hectolitres 25. L'hectolitre a pesé 74 kilogrammes 50.

Le méteil doit être cultivé seulement là où le froment ne
donnerait que de petites récoltes. C'est en somme une culture
de transition qui doit disparaître au fur et à mesure que l'amélioration du sol permet de le remplacer par le froment.

On rencontre le méteil sur les sables siliceux du grès vert,
sur les schistes durs, sur la craie blanche, sur les sables quartzeux ou encore sur les formations tertiaires siliceuses ou silico-
argileuses peu profondes et pauvres.

La proportion du seigle et du blé dans le mélange varie
suivant la fertilité des terres. Lorsque le seigle est proportionnellement plus abondant que le froment, on a les *petits méteils*;
si c'est le froment au contraire qui domine, on a affaire aux
gros méteils.

Le semis a lieu généralement immédiatement après celui du
seigle mais avant celui du froment. En septembre et commencement d'octobre.

Le mélange des deux céréales doit se faire avant le semis et
on choisira, de préférence, des variétés hâtives de blé qui
mûrissent peu après le seigle. En opérant ainsi, on ne sacrifiera
pas une céréale à l'autre au moment de la récolte. Nous indi-
quons au chapitre traitant de la moisson des céréales, que l'on
doit couper le froment un peu avant sa maturité complète, car
la maturation se continue lorsque les gerbes ou les tiges sont
mises en moyettes. Le seigle arrivé à maturité s'égrène bien
moins facilement que le blé, aussi la récolte des deux céréales
peut se faire en même temps sans perte de grain.

Le méteil est surtout consommé par le personnel de la ferme
sous forme de pain. Il ne fait guère l'objet d'un commerce
étendu.

Fig. 57. — Avoine.

1, *Inflorescence de l'avoine*; 2, *son port*; 3, *épillet triflore*; 4, *une fleur*,
5, *pistil et androcée*; 6, *grain*.

L'AVOINE

CHAPITRE X

NOTIONS PRÉLIMINAIRES

L'**avoine** paraît être originaire du nord de l'Europe. De toutes les céréales de printemps. c'est la culture de cette plante qui s'est le plus développée. On la cultive beaucoup en Allemagne, en Angleterre, en Norvège et en Russie. Elle l'est beaucoup moins en Italie, en Espagne et en Algérie.

En France l'étendue de terrain consacrée à l'avoine n'a cessé d'augmenter depuis 1840, il en a été de même aussi du rendement.

En 1840. on comptait 3 000 000 d'hectares environ et la production totale était de 48 899 785 hectolitres. soit un rendement de 16 hectolitres par hectare environ.

On a cultivé en moyenne par an (de 1899 à 1908) 3 868 160 hectares en avoine. qui ont produit 95 056 160 hectolitres ou 44 761 100 quintaux, soit 24 hectolitres 57 par hectare. L'hectolitre a pesé 47 kg 08.

La culture de l'avoine est, après le blé. celle qui couvre la plus grande surface dans les emblavures. (Plus du quart de la superficie ensemencée en céréales.)

41. Caractères de l'avoine. — L'avoine a une tige simple. ferme. dressée. portant des nœuds qui donnent attache aux feuilles ; ces feuilles sont planes, rudes au toucher. de couleur vert clair. légèrement rougeâtre.

Les fleurs sont disposées en panicules étalées ou étroites. resserrées ou unilatérales. Les épillets sont portés par des pédoncules longs et grêles. Chaque épillet est à deux ou cinq fleurs. Les deux glumes sont plus longues que les fleurs. L'une des deux glumelles. l'inférieure. porte parfois sur son dos une arête qui est enroulée sur elle-même à la base et coudée vers la moitié de sa longueur. L'ovaire est renflé, allongé, pointu au sommet.

Les épillets qui occupent le sommet de l'inflorescence sortent les premiers; ils fleurissent également les premiers et donnent les grains les plus gros. La floraison est assez longue. Lorsqu'on cultive plusieurs variétés côte à côte, il n'y a pas à craindre l'hybridation.

42. Mode de végétation. — *Action de la chaleur.* — Comme pour le froment et le seigle, la végétation de l'avoine ne peut commencer à se développer que si la température moyenne a atteint depuis quelques jours 6° au-dessus de zéro. La première feuille apparaît du douzième au quinzième jour, la température étant de 10 à 15°. Les avoines semées à l'automne tallent peu avant l'hiver, ce n'est qu'en avril ou mai que les tiges se développent.

L'avoine épie habituellement dans la deuxième quinzaine de mai et la première de juin. Sa maturité a lieu en juillet et août.

Défalcation faite des températures inférieures à 6°, il faut, pour que l'avoine vienne à maturité, une somme de température de 1 500 à 2 000°.

M. Garola a trouvé que, pour l'avoine, il fallait :

Du semis au tallage	322°.
Du tallage à la floraison	552°.
De la floraison à la maturité	837°.
Total	1 711°.

Action de l'humidité. — La durée de végétation de l'avoine varie de 88 à 150 jours. On peut considérer comme hâtives les variétés qui mûrissent en 120 jours. L'avoine évapore beaucoup d'eau. C'est ainsi que, pour la production d'une récolte de 25 quintaux de grains et autant de paille, il y a une évaporation de 1405 mètres cubes par hectare, ce qui représente plus de 300 grammes pour la formation de un gramme de matière sèche.

Mai et juin se passent-ils sans pluie, les récoltes d'avoine sont médiocres; ces mois au contraire sont-ils humides, les récoltes d'avoine sont belles.

Action du climat. — L'avoine est la plante des contrées septentrionales, elle demande un climat tempéré; cependant elle peut donner de bonnes récoltes dans les régions méridionales, si elle rencontre une humidité suffisante.

En Europe, sa culture ne dépasse guère le 65° de latitude Nord. Cependant en Norvège elle va jusqu'à 69° 30.

En France, dans les montagnes de l'Auvergne, des Pyrénées ou des Alpes, l'avoine vient à une altitude de 1000 à 1500 mètres. En Écosse, elle ne dépasse pas 487 mètres.

CHAPITRE XI

LES DIFFÉRENTES VARIÉTÉS D'AVOINES

Il existe un très grand nombre de variétés d'avoines. Elles appartiennent toutes à quatre espèces :

1° L'avoine commune (Avena sativa, L.)
2° L'avoine unilatérale (Avena orientalis, Schr.)
3° L'avoine courte (Avena brevis, Roth.)
4° L'avoine nue (Avena nuda, L.)

Ce sont les avoines communes et unilatérales qui sont les plus cultivées, principalement les premières aussi dans la description des différentes variétés leur avons-nous donné la plus grande importance.

En général, les variétés les plus précoces sont les moins exigeantes, on les réserve pour les sols les plus légers et où les sécheresses de l'été sont à craindre.

Les variétés tardives demandent une nourriture plus abondante, elles réussissent surtout où les fortes sécheresses ne sont pas trop à redouter.

Les variétés d'hiver ne peuvent être cultivées dans les pays à hiver rigoureux.

Les variétés de chaque espèces se caractérisent par la couleur de leurs graines et aussi suivant qu'elles sont ou non munies d'arêtes.

Sur certains marchés, les avoines noires sont plus recherchées que les grises ; il est donc bon, dans la culture de la céréale qui nous occupe, de tenir compte de cette considération.

Comme pour les variétés de blé, nous avons établi, ci-contre, un tableau qui permettra de se rendre compte de la valeur de chaque variété. Ce tableau ne renferme que les principales variétés.

Les figures représentant quelques variétés d'avoines ont été classées suivant les caractères de l'épi et du grain.

VARIÉTÉS	SYNONYMIE	PAILLE	PANICULE	GRAIN	SOLS LUI CONVENANT	TALLAGE	MATURITÉ	RÉSISTANCE À L'ÉGRAPPAGE	RAPPORT EN AMANDE POUR 100 DES GRAINS EXTERNES (DENSITÉ)	OBSERVATIONS
1° AVOINE COMMUNE (*Avena sativa L.*). Cette avoine a fourni un très grand nombre de variétés, elle est caractérisée par ses fleurs disposées en panicules lâches, son grain allongé, lisse.										
Grains munis d'une arête.										
Grains gris ou noirs / Grains jaunes — Avoine grise d'hiver. / Avoine noire d'hiver. / Jaune de Flandre	De Provence	Haute et ferme	Lâche, fort étalée	Gros, plein, gris clair	Sains	Fort	Très hâtive	Bonne	71 à 76	Les avoines dites d'hiver ne peuvent supporter que des froids ne dépassant pas -10°
	Des Salines	Haute, forte	Ample, grande	Long, lourd, gros	Riches et frais	Médiocre	Tardive	Médiocre	73 à 76	
Grains dépourvus d'arête.										
De Brie	L'avoine de Coulommiers en dérive, elle est plus vigoureuse et plus productive	Moyenne, jaune foncé	Lâche, grande belle	Court, très plein, très bonne qualité	Riches et frais	Bon	Tardive	Mauv.	76 à 78	
Grains noirs — Hâtive d'Étampes	Hâtive de Beauce	Fine, moyenne	Grande et haute	Assez long, brun foncé	Chauds et calcaires	Bon	Hâtive	Bonne	77 à 79	S'égrène facilement à la maturité
Joanette	De Chenailles	Courte, fine, droite	Forte, peu serrée	Noir, d'excellente qualité, gros et plein	Moyens	Bon	Hâtive	Bonne	76 à 78	S'égrène facilement à la maturité
Hâtive de Mesdag		Haute et forte	Lâche et étalée	Long et assez plein	Très accommodante au point de vue du sol	Médiocre	Très hâtive	Bonne	69 à 71	S'égrène facilement à la maturité
Grains gris — Grise de Houdan	De Beauce	Haute, fine	Étalée, légère	Assez gros, plein, gris de fer	Très accommodante au point de vue du sol	Bon	1/2 hâtive	Bonne	77 à 79	S'égrène facilement à la maturité
Grain roux — Rousse couronnée		Grosse et forte	Ample, étalée	Gros, plein	Très accommodante au point de vue du sol	Bon	1/2 tardive	Bonne	73 à 76	
Hâtive de Sibérie										
Grains jaunes ou blancs — De Pologne	Canadienne	Abondante, moyenne	Forte, rameuse, étalée	Blanc, long, renflé plein	Moyens	Bon	Très hâtive	Bonne	68 à 72	
De Ligowo		Haute, forte	Ample, dressée, lâche	Court, très gros, à écorce épaisse, blanc	Argileux, frais de richesse moyenne	Médiocre	Très hâtive	Bonne	64 à 66	
De Beseler	De Suède	Moyenne, blanche, forte et raide	Moyenne, peu fournie	Beau, blanc, renflé plein	Riches	Bon	Hâtive	Bonne	70 à 73	
De Guoningue	Se rapproche de la précédente	Moyenne, blanche	Longue, bien fournie, étalée	Un peu allongé, plein, blanc jaunâtre	Assez exigeante	Médiocre	1/2 hâtive	As. bonne	71 à 74	S'égrène facilement à la maturité
2° AVOINE UNILATÉRALE (*Avena Orientalis, Schr.*). A une panicule serrée: les grains, portés par de courts pédicelles, sont tous inclinés du même côté.										
Grains noirs — De Hongrie / Prolifique de Californie	Prunier de Tartarie, Dérive de l'avoine noire de Hongrie, plus exigeante	Longue, grosse, résistante	Compacte, dressée	Long, de qualité ordinaire	Argileux, riches	Médiocre	1/2 hâtive	As. bonne	68 à 72	
Grains blancs ou jaunes — De Hongrie		Forte, élevée	Serrée, grande	Moyen, effilé, de qualité secondaire, blanc	Argileux, riches	Médiocre	1/2 hâtive	As. bonne	72 à 74	
Jaune géante à grappes		Abondante, élevée	Grande	Plein, long, pesant	Fertiles	Médiocre	Tardive	Mauv.	72 à 75	
3° AVOINE COURTE (*Avena brevis, Roth.*). A une panicule petite, lâche, les grains petits, courts, munie de barbes persistantes										
Avoine courte	Avoine pied de mouche	Courte, petite, fine	Rameaux grêles et peu nombreux	Petit, vêtu, de qualité inférieure, gris	Siliceux	Médiocre	Hâtive	Bonne	77 à 77	
4° AVOINE NUE (*Avena nuda, L.*). A les grains nus.										
Avoine nue petite / Avoine nue grosse	Avoine multiflore de Tartarie, Peu cultivée	Peu élevée, très fine	Presque unilatérale	Très petit, jaune foncé	Médiocres	Médiocre	Tardive	Bonne		

<table>
<tr><td>Fɪɢ. 58.
AVOINE GRISE D'HIVER.</td><td>Fɪɢ. 59.
AVOINE NOIRE DE BRIE.</td></tr>
<tr><td>Grains munis d'arêtes.</td><td>Grains dépourvus d'arêtes.</td></tr>
</table>

FIG. 60.
AVOINE JOANETTE.

FIG. 61.
AVOINE DE LIGOWO AMÉLIORÉE.

Grains dépourvus d'arêtes.

FIG. 62.
AVOINE NOIRE DE HONGRIE.

FIG. 63.
AVOINE JAUNE GÉANTE A GRAPPES.

FIG. 64.
AVOINE COURTE
OU AVOINE PIED-DE-MOUCHE.

FIG. 65.
AVOINE NUE PETITE.

CHAPITRE XII

COMPOSITION DE L'AVOINE — RENDEMENT

D'après différents auteurs, pour 100 parties de la plante, on aurait en moyenne :

    Grain 36,6
    Paille 53,25
    Balles et menues pailles. 10,15

Pour 100 de paille bottelée, l'avoine produirait donc 68 kilogrammes de grains.

Nous avons eu à l'École d'agriculture de Gennetines, pour la noire de Coulommiers : 62 de grains pour 100 de paille (moyenne de dix années). Cette proportion est très variable. Les avoines hâtives donnent une récolte moins élevée que les tardives. Mais elles produisent, par rapport au poids de la paille, une quantité de grain plus élevée. Le poids de l'hectolitre de grain est de 40 à 55 kilogrammes.

M. Garola a trouvé qu'il y avait en moyenne 17600 grains par litre et 35700 par kilogrammes ; que l'amande du grain vêtu correspond à 72,9 pour 100 du poids brut, et les écales à 27,1 pour 100.

La paille, les balles et le grain présentent la composition suivante :

	D'APRÈS LES TABLES DE KÜHN. — PAILLE	D'APRÈS GAROLA — BALLES	D'APRÈS GRANDEAU ET LECLERC — GRAIN
Eau.	14,30	8.38	12,10
Matière azotée	2,50	8	9,8
Matière grasse	2	54	4,58
Extractis non azotes. . . .	35,6		59.09
Ligneux	41,2	16,6	11,20
Cendres	4.4	13,52	3,32

La paille d'avoine est utilisée comme fourrage pendant l'hiver pour les bovidés et les ovidés. Elle peut servir aussi comme litière.

Comme teneur en matières fertilisantes on trouve dans la paille d'avoine :

Acide phosphorique. 0,11
Potasse. 1,23
Chaux 0,35
Azote 0,40

Les balles servent à faire des mélanges avec les betteraves ou topinambours pour l'alimentation, principalement des bovidés.

Quant au grain, qui a longtemps servi de nourriture aux montagnards de l'Écosse, il sert pour ainsi dire, exclusivement à la nourriture des chevaux, dans le Centre et le Nord de l'Europe ; dans le Midi on lui préfère l'orge.

La composition du grain est très variable, elle dépend de la variété considérée, des circonstances, de la culture et du climat.

La valeur nutritive d'une avoine est d'autant plus élevée que la proportion d'amande est plus grande, c'est ce qui se rencontre dans les avoines noires.

M. Garola a recherché la teneur moyenne des amandes en principes nutritifs ; il a trouvé :

Eau. . . . . 12,57 pour 100
Matière sèche. . . . . 87,43 —
Protéine. . . . . 13,88 —
Hydrates de carbone et graisse . . . . 71,48 —
Cendres. . . . . 2,07 —
Acide phosphorique . . . . 1,06 —

Les enveloppes du grain, surtout celles des avoines noires, renferment un principe aromatique analogue à la vanilline. Ce principe, que Sanson a désigné sous le nom d'*avénine*, est un excitant du système nerveux des équidés.

Elles contiennent pour 100, en moyenne :

Eau. 10,06
Matières azotées . . . . 2,5.
Graisse 0,50
Extractifs non azotés. 51,85
Cellulose brute. 34,80

Les rendements de l'avoine dépendent des sols où on la cultive et aussi de la variété. Dans une terre pauvre, son rendement ne dépasse guère 8 à 10 hectolitres par hectare, il peut atteindre 50 à 70 hectolitres dans les sols fertiles.

CHAPITRE XIII

PLACE DE L'AVOINE DANS L'ASSOLEMENT
SOLS QUI CONVIENNENT A L'AVOINE
LES BESOINS D'ENGRAIS DE L'AVOINE

Place de l'avoine dans l'assolement. — L'avoine réussit très bien après prairies artificielles et alors elle peut se succéder à elle-même. On peut dire que le trèfle est le meilleur précédent pour cette plante.

On ne sème habituellement que de l'avoine sur défrichement de bois ou de landes.

En général l'avoine vient en troisième sole, après blé ou seigle semé sur plante sarclée, le sol qui la porte est donc épuisé par les récoltes précédentes aussi doit-on, pour obtenir des rendements passables, donner une fumure phosphatée (superphosphates) et azotée (nitrate de soude).

Dans l'assolement de quatre ans elle vient souvent après plantes sarclées aussi donne-t-elle, à cette place, des rendements très élevés.

L'avoine ne craint pas les sols qui ont été labourés profondément.

43. Sols qui conviennent à l'avoine. — Par suite du grand développement de ses feuilles et de ses racines qui lui permettent de puiser facilement sa nourriture, l'avoine est, de toutes les céréales, certainement la moins difficile sur le choix du terrain, aussi donne-t-elle des rendements assez élevés dans les terres pauvres. On peut dire aussi que de toutes les céréales, c'est l'avoine qui donne les plus hauts rendements lorsqu'elle est cultivée sur les sols riches.

L'avoine d'hiver, qui est surtout cultivée dans le Midi et le Sud-Ouest, réclame des terres saines et profondes, franches ; elle craint beaucoup l'eau stagnante pendant l'hiver.

L'avoine de printemps, à l'exception des terres absolument calcaires ou des sables arides, vient partout. Elle réussit dans les marais desséchés, sur les fonds d'étangs assainis. Grâce à elle, on peut utiliser les terres de défrichement de landes, de bruyères, de bois. Sur défrichement de prairies naturelles ou artificielles, elle donne de hauts rendements. Elle vient même sur les sols creux qui n'ont pas eu le temps de se rasseoir avant le semis.

Seuls, les sols crayeux, graveleux, trop légers ne lui conviennent pas, surtout si au moment de l'épiage ils ne reçoivent pas suffisamment de pluies.

Ses racines atteignent en moyenne 55 centimètres.

44. Les besoins d'engrais de l'avoine. — *Fumures employées.* — L'avoine est certainement la céréale la moins exigeante au point de vue de la matière fertilisante, c'est elle qui utilise le mieux les derniers restes d'éléments nutritifs du sol. Aussi beaucoup de cultivateurs sèment-ils l'avoine sans aucun engrais ; ils ne se rendent pas compte que, pour cette plante, une fumure modérée est presque toujours avantageuse à employer.

Une récolte de 20 quintaux de grains, 3000 kilogrammes de paille et 300 kilogrammes de balles prélève, d'après M. Grandeau à peu près par hectare :

	Potasse.	Acide phosphorique.	Azote.
Grain.	9 kg. 6	13 kg. 6	35 kg. 2
Paille.	46 kg. 9	8 kg. 4	16 kg. 8
Balles.	1 kg. 4	0 kg. 4	1 kg. 0
	59 kg. 9	22 kg. 4	53 kg. 9

M. Garola indique que pour qu'une récolte de 50 hectolitres puisse constituer la matière sèche contenue dans les grains, pailles et racines, soit 9895 kilogrammes, il faut qu'elle trouve dans le sol :

Azote	120 kg. 5
Acide phosphorique.	78 kg. 0
Potasse	129 kg. 1
Chaux	38 kg.

Une bonne partie de ces principes fertilisants sont laissés au terrain par les racines et les chaumes.

Dans ses recherches, M. Garola a constaté :

1° Que l'avoine peut absorber, au jour le jour pendant toute sa vie, la chaux et l'acide phosphorique et qu'à aucune époque elle n'en éprouve un besoin extraordinaire ;

2° Que pour l'azote la plante a besoin d'en trouver dans le sol, de la levée à l'épiage, une provision très rapidement assimilable. Le nitrate de soude employé à petite dose (100 à 200 k.) sera très favorable à la production ;

3° Que les engrais phosphatés solubles ne semblent pas aussi nécessaires. Il suffit que la plante trouve à sa disposition, pendant tout le cours de sa vie, le quantum de cet élément qu'elle doit absorber. Elle n'en est pas affamée à certaines époques, comme pour l'azote. Il en est de même de la chaux ;

4° Que la potasse présente à la fin de la végétation une activité d'absorption plus grande qu'au début.

De ces résultats expérimentaux on peut admettre que la fumure de l'avoine doit surtout être azotée et qu'il faut lui fournir, dès le début, de l'azote très soluble. On obtient toujours de belles avoines sur les défrichements de prairies artificielles qui laissent un sol très riche en azote rapidement nitrifiable, surtout si on a le soin d'épandre des supersphosphates (3 à 400 k.).

Dans les sols pauvres en azote, le nitrate de soude (100 à 150 kilogrammes par hectare) produit d'excellents résultats si le sol est suffisamment pourvu d'acide phosphorique.

Après blé, qui a reçu des engrais phosphatés à une assez forte dose, le nitrate de soude donne toujours une forte augmentation de rendement.

Le nitrate peut être épandu dès le semis de la céréale ou mieux en deux fois, la moitié au moment des semailles et l'autre moitié lorsque la plante a trois feuilles.

Dans la plupart des terres l'apport d'acide phosphorique est avantageux. Il est même indispensable, lorsque l'avoine suit un blé, de lui fournir des engrais phosphatés (400 kilogrammes de superphosphate). L'acide phosphorique n'étant pas entraîné par les eaux, l'excédent que laissera l'avoine sera pris par la récolte qui suivra, et si, comme dans le centre, les prairies artificielles sont semées dans l'avoine qui suit le blé, ce seront elles qui en profiteront.

Quant à la potasse, dans les sols suffisamment riches en cet élément, les fumiers donnés aux récoltes qui précèdent l'avoine lui en fournissent souvent assez pour sa consommation. Dans les terrains siliceux et calcaires, pauvres en potasse, il sera bon de mettre, avant le dernier labour, 150 à 200 kilogrammes de sulfate de potasse ou de chlorure de potassium.

L'avoine a, en général, surtout besoin d'engrais avant le tallage.

CHAPITRE XIV

CULTURE PROPREMENT DITE DE L'AVOINE

Préparation du sol. — Cette céréale n'est pas très difficile
sur la préparation du sol, mais cependant il faut se souvenir
que l'avoine exige beaucoup d'eau pour élaborer sa matière
sèche; nous avons dit précédemment qu'il fallait plus de
300 grammes d'eau pour la formation d'un gramme de matière
sèche; à ce point de vue c'est la céréale qui en exige le plus.
On a donc intérêt à donner toutes les façons préparatoires qui
sont susceptibles de conserver le plus d'humidité au sol.

Pour l'avoine d'hiver on ne donne habituellement qu'un seul
labour : il est bon, comme pour le blé, qu'après le semis le sol
reste un peu motteux ; les mottes protègent les jeunes plantes
contre les vents froids, et retiennent la neige. Après les gelées
ces mottes se délitent et les rechaussent.

Pour l'avoine de printemps, lorsqu'elle suit une plante sarclée, un seul labour est suffisant, il se donne avant les fortes
gelées.

Après blé ou seigle on ne donne généralement qu'un labour
et cela lorsque les semailles d'automne sont terminées. Il est
très recommandable de donner un déchaumage, puis un labour
d'hiver, de préférence à un labour de printemps, surtout dans
les terres fortes, car les alternatives de gelées et de dégels
ameubliront le sol. Souvent avant le semis on passe le cultivateur. Après trèfle d'un an on ne donne qu'un labour assez
profond, avant l'hiver. Mais si le trèfle a plus d'un an, s'il est
envahi par le chiendent, il est bon de donner un labour d'automne et un ou deux au printemps. Après une prairie naturelle
on ne donne qu'un seul labour d'au moins o m. 20 de profondeur.

45. Fumure. — (Voir plus haut, p. 101.)

46. Semailles. — *Choix et préparation de la semence.* —
Comme pour le blé il est indispensable d'éliminer, des
avoines destinées à la semence les grains mal venus, petits et
les mauvaises graines qu'elles peuvent contenir à l'aide du
tarare et du trieur.

Cette première sélection peut être avantageusement complétée par celle dite à l'eau. Ce procédé, indiqué par M. Petit, est à recommander : il consiste à plonger la graine dans un cuvier contenant de l'eau et à agiter : tous les grains qui surnagent, c'est-à-dire les plus légers, ceux à amandes peu développées, sont enlevés : ils seront utilisés en les faisant consommer par les animaux de la ferme. On ne prendra pour semence que la graine lourde qui est tombée au fond du cuvier. Dans nos essais nous avons obtenu les résultats suivants (av. de Coulommiers) :

	Rendement à l'hectare.	
	Grains.	Paille.
Grains ayant seulement été passés au tarare. .	2 085 kilog.	3 605 kilog.
— ayant été passés au trieur	2 132 —	3 650 —
— lourds tombés au fond du cuvier	2 223 —	4 202 —
— légers qui surnageaient.	2 030 —	3 220 —

L'avoine est très sujette au charbon : pour l'en préserver on peut employer le procédé à l'eau chaude (54°), que nous avons indiqué déjà pour le blé. La semence d'avoine est très sensible à l'action du sulfate de cuivre, un sulfatage trop énergique lui fait perdre sa faculté germinative.

On peut aussi employer, pour combattre le charbon, une solution de formol :

Pour un hectolitre d'eau, on emploie un litre de formaldéhyde du commerce à 40 pour 100 : on agite le liquide pour le rendre homogène.

Pour l'avoine à traiter on procède de la même façon que si on opérait avec une solution cuprique : il est bon alors d'employer le procédé par immersion [1].

L'emploi de la solution au formol est d'un usage courant en Amérique où il donne de très bons résultats.

Comme le fait remarquer M. Schribaux, l'emploi de semences d'excellente qualité atténuera les dommages des champignons, les grosses semences étant celles qui fournissent les plantes les plus vigoureuses et les plus saines.

Quantité de semence. — Comme pour le froment, le nombre de tiges par mètre carré doit atteindre en moyenne 400 : il suffit pour cela, en général, qu'il y ait 200 pieds, chaque pied donnant deux tiges. On ne peut compter sur le tallage que lorsque le semis est fait de bonne heure, ou si le sol est frais. Si le terrain a été mal préparé ou si la semence n'a pas été sélectionnée, beaucoup de grains ne lèveront pas.

---

1. Voir page 59.

On répand de 220 à 300 litres de grains par hectare, suivant que le sol est plus ou moins propre ou plus ou moins bien préparé

Après trèfle et prairie naturelle, il est bon d'augmenter la quantité de semence, de même si les semis se font tardivement et si le sol est pauvre. Avec le semoir en ligne, on met de 150 à 200 litres par hectare.

Époque et exécution du semis. — Pour que l'avoine d'hiver résiste à l'hiver, elle doit être semée assez tôt, afin qu'elle ait le temps de prendre suffisamment de force : le semis se pratique en septembre et octobre : dans le Midi, en novembre et décembre. L'avoine de printemps doit se semer le plus tôt possible. Semée de bonne heure, elle résiste mieux à la sécheresse et se défend plus facilement de l'envahissement des mauvaises herbes ; le grain qu'elle donne est alors toujours plus lourd.

Dans les terres légères et saines, on sème les avoines fin février ; dans les autres, en mars et, au plus tard, au commencement d'avril.

Un proverbe dit : *Avoine de février remplit le grenier.*

Le semis s'exécute à la *volée* ou en *lignes.*

Les semis en lignes avec le semoir sont toujours préférables aux semis à la volée ; ils permettent, tout en économisant de la semence, de faire des binages et de lutter, par conséquent, contre l'envahissement des mauvaises herbes.

Dans les sols secs, légers, meubles, lorsqu'on sème à la volée, la semence peut être enfouie par la charrue, c'est le semis sous raies. On peut aussi avoir recours au cultivateur. Sur les sols humides ou tenaces, on l'enterre par deux coups de herse.

En terre légère, après l'enfouissement de la semence, le roulage est à recommander, car il favorise la levée tout en aplanissant le sol.

47. Soins d'entretien. — Le plus souvent, après le semis, les avoines sont abandonnées à elles-mêmes, cependant lorsqu'elles ont trois ou quatre feuilles, un hersage leur est très profitable, car il détruit la croûte formée à la surface du sol, favorise le tallage et détruit ou contrarie le développement des mauvaises herbes. Ce hersage doit être fait à l'aide d'une herse légère et par un temps sec et doux : lorsque cette opération est suivie par des pluies prolongées, le sol se durcit de nouveau et les mauvaises herbes arrachées continuent de végéter.

Sur les sols légers, pierreux, le roulage est très utile, il s'exécute lors du tallage, qu'il favorise beaucoup ; il a l'avantage d'égaliser le sol, ce qui permet de faucher les avoines plus près de terre.

Souvent les prairies artificielles sont semées dans l'avoine: alors dans les sols légers on se contente généralement de donner un roulage.

MM. Berthault et Brétignière, dans leurs expériences exécutées à Grignon, ont constaté que le semis d'une légumineuse dans l'avoine déprime sensiblement le rendement de la céréale.

Lorsque la légumineuse a été semée en lignes intercalées dans la céréale, l'influence déprimante a été atténuée dans une certaine mesure.

Dans les avoines semées en lignes, on emploie pour la destruction des mauvaises herbes la houe à cheval. Il arrive que, malgré tous ces soins d'entretien, les avoines, surtout dans les sols légers et calcaires, sont encore infestées de moutardes, ravenelles, coquelicots, etc.: alors, on les détruit par des pulvérisations de sulfate de cuivre en solution dans l'eau. On les exécute avec des pulvérisateurs à traction ou à dos. Le travail se fait lorsque les moutardes ont de deux à trois feuilles; il faut alors de 6 à 8 hectolitres d'une solution à 3 pour 100 de sulfate de cuivre par hectare. Lorsque les moutardes sont plus développées, il faut employer une solution de 4 1/2 pour 100. On peut aussi employer le nitrate de cuivre à la dose de deux litres par hectolitre d'eau.

Pour que la destruction des moutardes soit assurée, il faut que la pulvérisation se fasse après la rosée et qu'elle ait été suivie de quelques heures de beau temps. Les céréales ne sont pas endommagées: il en est de même, d'ailleurs, des plantes de la prairie artificielle qui y auraient été semées.

Le sulfate de fer en poudre impalpable à la dose de 400 kilogrammes par hectare donne également de bons résultats. Ils faut l'épandre par une forte rosée.

Il est bon, avant la montée des tiges, d'échardonner; on a recommandé, pour la destruction des chardons, de mettre au pied de ces mauvaises plantes du sel de cuisine ou mieux du crud d'ammoniaque.

M. de l'Écluse, professeur départemental d'agriculture, dit avoir obtenu de très bons résultats, pour la destruction des mauvaises plantes venant dans les céréales, autres que les graminées, telles que vesces, gesses, pois, renoncules, chardons, ravenelles, moutardes, etc., en employant de l'acide sulfurique à la place du sulfate de cuivre.

« Dans les céréales de printemps, dit-il, où naissent un grand nombre de mauvaises herbes, on peut détruire toutes ces herbes, alors qu'elles sont encore jeunes et peu développées, avec un liquide composé de 100 kilos d'eau et 2 kilos d'acide sulfurique ordinaire du commerce.

« Dans les céréales d'hiver où l'on trouve beaucoup de vesces, de gesses, de chardons, etc., déjà grands, on pourra porter la dose, pour 100 litres d'eau à 4 kilos si c'est nécessaire.

« Cependant, avec une dose d'acide de 2 kilos pour 100 litres d'eau, et en faisant une pulvérisation assez abondante sur les herbes à détruire, on peut en débarrasser le champ d'une manière complète. »

Bien entendu, il faudra faire en sorte de mouiller le moins possible les feuilles des céréales.

Pour la préparation de la solution, on verse l'acide petit à petit dans l'eau en remuant: ne pas faire le contraire, car il pourrait y avoir des projections d'acide.

On devra se servir de pulvérisateurs étamés au plomb.

FIG. 66. — AVOINE VRILLÉE.

Déformation de la base de l'épi par des Tarsonemus spirifex.

48. Accidents et maladies. — L'avoine peut être échaudée : aussi, dans les pays à été sec, doit-on semer le plus tôt possible au printemps et choisir des variétés hâtives.

Cette céréale est très sujette aux atteintes du *charbon* (Ustilago-Carbo [1]); elle est exposée aussi à la *rouille linéaire*, à la *rouille tachetée* et enfin à la rouille *couronnée* qui n'attaque pas le blé ni le seigle. L'œcidium de cette rouille se développe au printemps sur le nerprun et la bourdaine.

Les avoines peuvent être atteintes par un petit acarien de 0 mm. 25 à 0 mm. 28 de longueur, le *Tarsonemus spirifex*;

---

[1] Pour le traitement contre le charbon, voir page 114

les plantes atteintes portent le nom d'*avoines vrillées*, bou-
clées, etc.

Les insectes qui produisent cette maladie par leurs piqûres
apparaissent en juin, au moment de l'épiage. L'avoine malade a un épi qui reste plus ou moins engagé dans la gaine fo-
liaire : son axe, au-dessus du dernier nœud, se contourne en forme de vrille sur une longueur de 1 à 2 centimètres.

Le plus souvent, la vrille s'ou-vre un passage entre les lèvres de la gaine et fait saillie à l'ex-térieur en se contournant. Les épillets, qui se contournent éga-lement, séjournent plus ou moins longtemps dans la gaine et blan-chissent ; ils restent stériles.

Les pieds d'avoine vrillées de-viennent trapus et les gaines foliaires portent des taches vio-lettes.

A la suite de nombreuses pi-qûres des insectes, la gaine de l'épi se durcit et souvent les épillets ne peuvent sortir : la tige continuant à croître se tire-

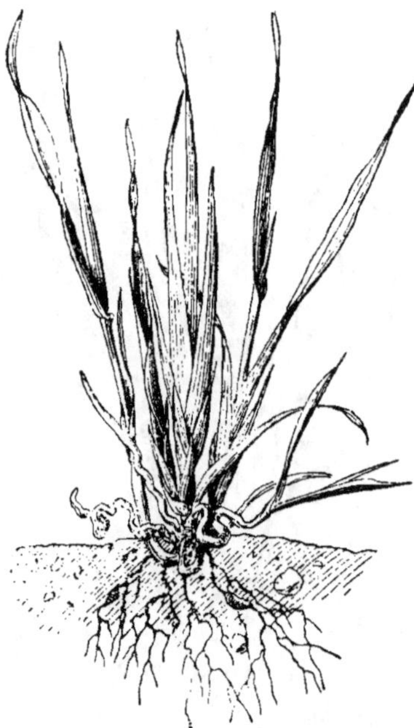

Fig. 67. — Avoine poireautée.

bouchonne et finit par faire saillie au dehors.

Les dégâts sont surtout sensibles sur les avoines tardives
cultivées sur des sols mal préparés et se desséchant rapidement. Les mois de mai et juin secs sont très favorables au
développement des Tarsonemus.

On évite en partie les effets nuisibles de l'attaque de ces
insectes en donnant au sol qui doit recevoir l'avoine une bonne
préparation et en lui fournissant les engrais nécessaires.

L'*anguillule* attaque aussi l'avoine, et cela peu de jours après
la levée : les pieds malades se renflent au collet, prennent
l'aspect de jeunes poireaux et ne donnent pas d'épis ; beaucoup
de pieds disparaissent. Les avoines ainsi atteintes portent
souvent le nom d'avoines poireautées.

ORGE

CHAPITRE XV

NOTIONS PRÉLIMINAIRES

L'orge appartient au genre *Hordeum* L. Elle est aussi ancienne que le blé.

Sa culture, et en particulier celle de l'orge de brasserie, tend à diminuer en France, mais le rendement par hectare s'est accru. Nous exportions, il y a vingt ans, plus de 1 000 000 de quintaux de grains, actuellement cette exportation ne dépasse guère 350 000 quintaux. Quant à l'importation, en ne tenant pas compte des orges arrivant d'Algérie et de Tunisie elle ne dépasse guère 300000 quintaux.

En Russie, en Allemagne, en Angleterre, on produit plus d'orge qu'en France. En France on a cultivé en moyenne par an (de 1899 à 1908) : 726 170 hectares en orge, qui ont produit 14 438 900 hectolitres, ou 9 246 500 quintaux, soit 19 hectol. 88 par hectare. L'hectolitre a pesé 64 kg 03.

49. Caractères de l'orge. — L'inflorescence des orges est un épi de cymes bipares, car sur chaque gradin de l'axe central on trouve trois épillets. Chaque épillet ne renferme qu'une fleur fertile. Les glumes sont très étroites, les glumelles sont grandes, l'inférieure porte une barbe. Le fruit est généralement soudé avec les glumelles, mais est quelquefois nu, il possède un sillon longitudinal.

50. Mode de végétation. — *Action de la chaleur.* — Dans les circonstances ordinaires, l'orge germe rapidement. Au bout de huit jours environ on voit apparaître la feuille cotylédonaire qui est large, arrondie au sommet, d'un vert glauque. La première feuille se développe du douzième au quinzième jour après l'apparition du cotylédon, elle est plus aiguë, ses stipules se croisent autour de la tige et sont dépourvues de poils.

FIG. 64. — ORGE COMMUNE.

1, *port de la plante*; 2, *épi*; 3, *fleur*; 4, *fleur dépouillée de ses enveloppes*; 5, *grain*.

La température la plus favorable pour la prompte croissance du germe est comprise entre 10 et 20 degrés.

La végétation de l'orge, comme celle des autres céréales que nous avons étudiées, ne peut guère se mettre en marche que si la température moyenne a atteint depuis quelques jours 6 degrés au-dessus de zéro.

Les premières radicelles, pour apparaître, mettent plus ou moins de jours suivant la température du sol. H. Werner indique les chiffres suivants :

Température . .   4°,33   10°,25   15°,75   19°
La radicelle sort
    après . . . . .   6 jours   3 jours   2 jours   1 j.3/4

La croissance de la tigelle par jour, en millimètres, serait, suivant la température du sol :

Fig. 60.

Disposition des épillets.

	Température			
	4°,33	10°,25	15°,75	19°
Orge d'hiver	1mm,35	3mm,20	5mm,48	7mm,85
Orge de printemps.	1mm,40	3mm,07	5mm,84	7mm,48

L'escourgeon talle généralement avant l'hiver. Lorsque le tallage commence, les racines qui sont sorties du germe meurent, elles sont remplacées par d'autres qui se développent au-dessous d'elles. L'épiage a lieu en avril ou mai suivant les latitudes. Pour les orges de printemps, les épis se montrent fin mai ou première quinzaine de juin.

D'après A. de Gasparin, l'orge fleurit par une température moyenne de 16°.3. La récolte se fait par 20°.

L'escourgeon est généralement mûr en juillet sous le climat de Paris. Les orges de printemps se récoltent en août.

Défalcation faite des températures inférieures à 6 degrés, il faut à l'orge pour arriver à maturité les sommes de température moyennes suivantes :

        Orge à deux rangs. . . . .   1.400 degrés
        Orge à six rangs. . . . .   1.443   —
        Orge d'hiver . . . .   1.600   —

M. Garola a trouvé les nombres suivants (orge cultivée à l'ombre) :

        Du semis à la levée . . . .   119 degrés.
        De la levée au tallage   376   —
        Du tallage à la floraison   533   —
        De la floraison à la maturité   830   —
                              Total. . . . .   1858 degrés.

La quantité totale de lumière radiante que l'orge reçoit pendant que la température moyenne est supérieure à 6 degrés centigrades, est d'environ 5000 degrés.

La durée de végétation en jours serait en moyenne :

Orge à deux rangs.	112 jours
Orge à six rangs.	99 —
Orge d'hiver.	280 —

Action de l'humidité. — Pour une élaboration de 1 gramme de matière sèche, il y a pour l'orge, d'après Haberland, une transpiration d'environ 247 grammes d'eau.

Pour une production par hectare de 25 quintaux de grains et autant de paille, on trouve 43 quintaux de matière sèche et une évaporation de 995 mètres cubes d'eau.

MM. Lawes et Gilbert ont remarqué que pour l'orge chevalier, les conditions les plus favorables étaient des mois de mars et avril chauds et humides, mai frais, juillet sec.

L'orge arrivée à maturité s'égrène facilement, on doit donc la moissonner prématurément, mais si l'orge est destinée à la brasserie elle doit être récoltée à maturité complète et par un temps sec.

Action du climat. — Cette plante est la céréale qui se cultive le plus loin vers le nord. C'est elle qui résiste le mieux aux chaleurs et aux sécheresses des pays chauds. L'orge à six rangs, qui a une courte période de végétation, vient dans les régions les plus froides.

L'orge à deux rangs au contraire réclame pour venir, à cause de sa plus longue période de végétation, une certaine humidité du sol et craint les étés trop secs. L'escourgeon est une des céréales les plus précoces.

En Norvège elle mûrit jusqu'à 70 degrés de latitude. En Sibérie elle ne dépasse pas le 60° degré. Sur la côte orientale de l'Amérique elle cesse au 51°. Elle végète à une altitude de 1800 mètres en Suisse et à 3200 mètres au Pérou.

CHAPITRE XVI

LES DIFFÉRENTES VARIÉTÉS D'ORGE

Il existe deux grands groupes d'orges : les *orges à six rangs* ou *O. hexastiques* et les *orges à deux rangs* ou *O. distiques*.

ORGES A SIX RANGS

Le groupe des orges à six rangs renferme plusieurs espèces :

L'**orge commune** (*Hordeum vulgare*) est encore appelée *O. carrée* parce que quatre des six rangs sont très proéminents, les deux autres sont appliqués contre l'axe. Les grains sont vêtus

Cette orge a fourni :

L'*escourgeon d'hiver* qui est rustique, très précoce ; il mûrit avant le seigle. L'épi est gros, un peu lâche, à barbes longues. Le grain est de qualité moyenne, anguleux, à sillon irrégulier. Cette orge, lorsqu'elle est cultivée dans un sol de bonne qualité, donne des rendements très élevés. Elle porte également le nom d'*escourgeon de Beauce* (fig. 70). L'*escourgeon du nord* est moins précoce.

L'*escourgeon de printemps* ressemble à l'orge précédente, il peut être semé au printemps. Cette orge est peu difficile sur le choix du terrain, son grain est maigre.

On peut encore citer l'orge très précoce de *Laponie* et l'orge d'*Algérie*.

Une excellente variété très recommandable est l'*orge Albert* (fig. 71) qui peut être semée à l'automne et au printemps.

L'**orge hexagonale** (*H. hexasticum*), encore appelée *orge à six rangs* parce que les six rangées de grains sont tous proéminentes. Les grains sont vêtus. L'orge à six rangs est peu cultivée. On la trouve dans l'ouest et le midi de la France où elle est semée à l'automne. Son grain est de qualité inférieure.

Dans le groupe des orges à six rangs entre aussi. l'**orge trifurquée** (*H. trifurcatum*) ou orge du Népaul. Cette orge, qui est à grains nus, n'a aucun intérêt au point de vue agricole (fig. 72).

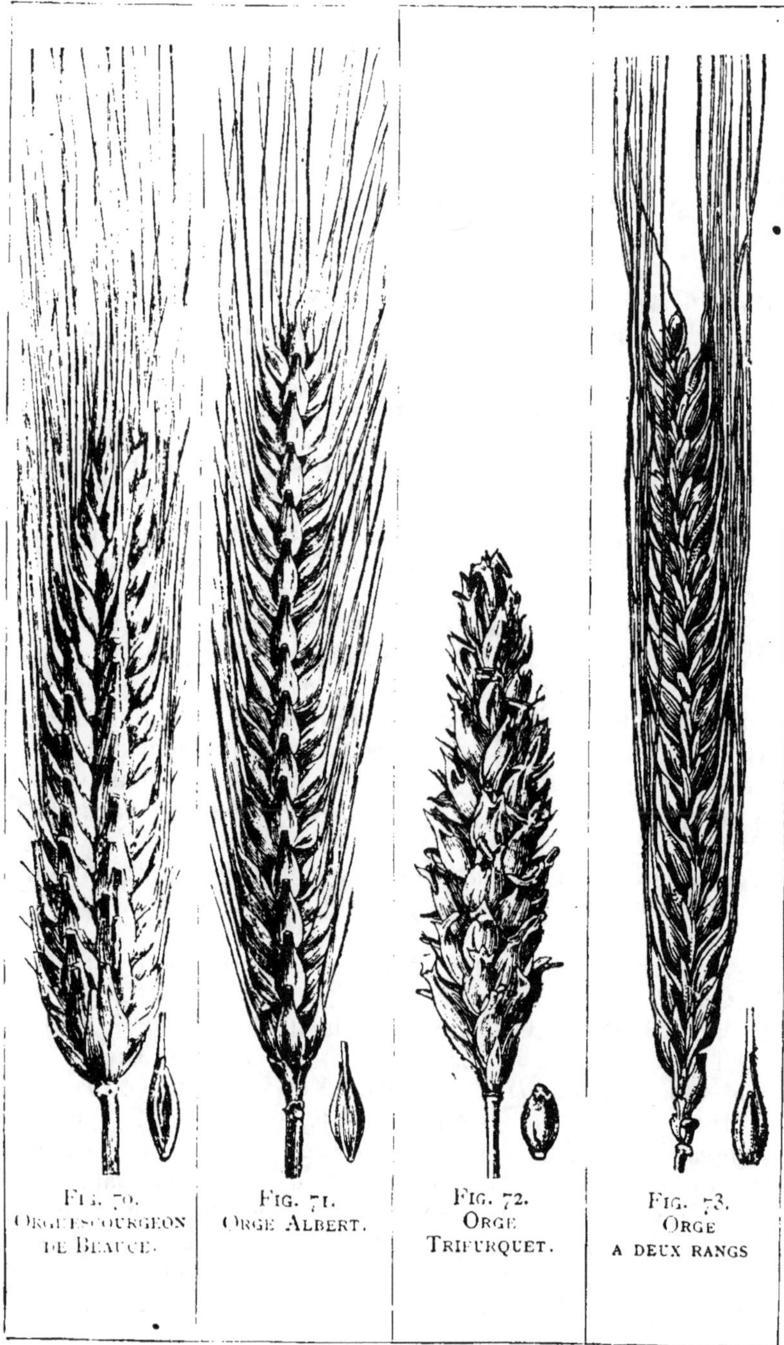

FIG. 70.
ORGE ESCOURGEON
DE BEAUCE.

FIG. 71.
ORGE ALBERT.

FIG. 72.
ORGE
TRIFURQUET.

FIG. 73.
ORGE
A DEUX RANGS

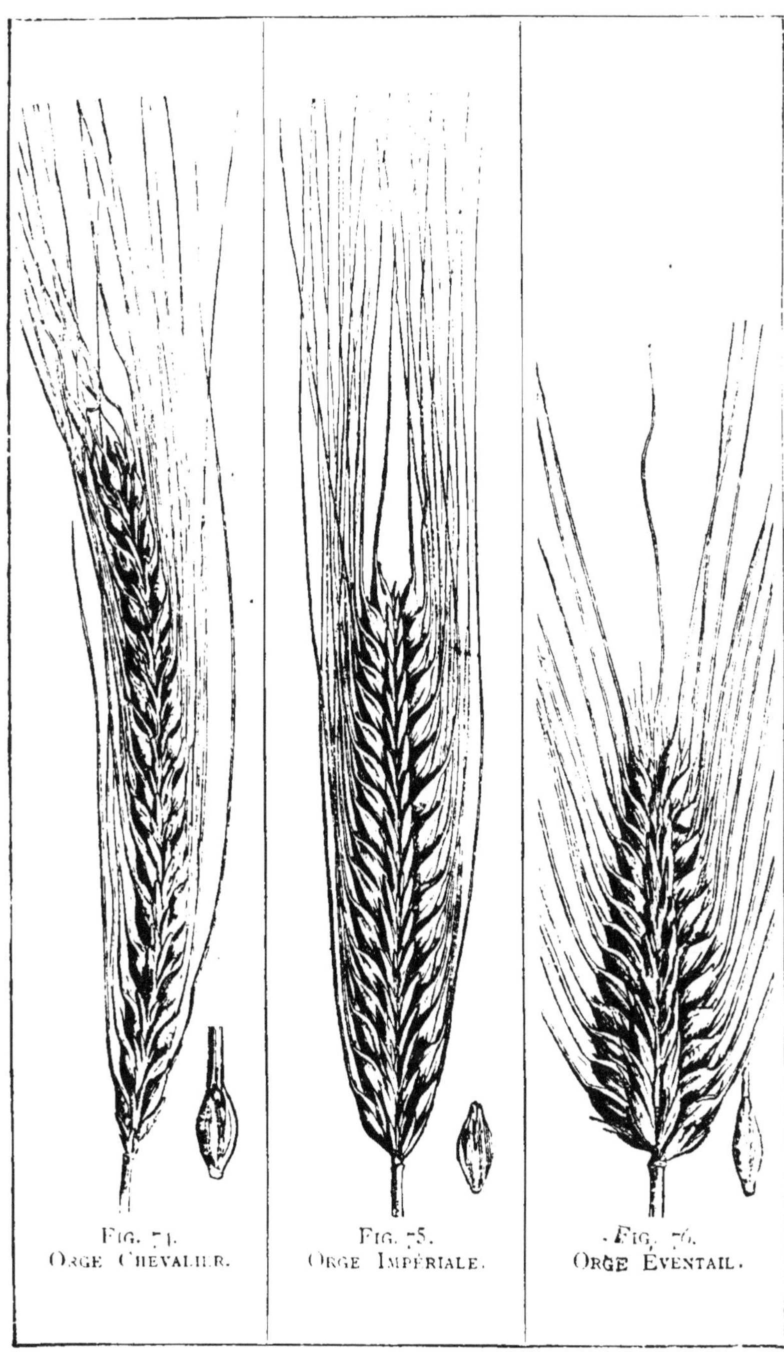

FIG. 74.
ORGE CHEVALIER.

FIG. 75.
ORGE IMPÉRIALE.

FIG. 76.
ORGE ÉVENTAIL.

ORGES A DEUX RANGS

Ce groupe renferme un certain nombre de variétés très cultivées. Il a fourni plusieurs espèces :

1° L'orge à deux rangs (fig. 73) *H. distichum*) est encore
appelée *orge plate*, parce que deux rangs seulement de grains
se développent, les autres avortent. Cette orge a fourni :

L'orge *commune à deux rangs*, qui est très répandue ; elle
est souvent appelée *marsèche*. Cette orge, qui est estimée par
les brasseurs, est assez productive. Sa paille n'est pas très développée. L'épi est plat, allongé, généralement arqué. Le grain
est gros, arrondi, régulier.

L'orge à deux rangs est peu exigeante, elle convient aux
terres siliceuses et calcaires.

On la désigne quelquefois sous les noms d'orge de Champagne et d'orge de Saumur.

L'orge *chevalier* (fig. 74), qui est un peu plus tardive que
l'orge commune à deux rangs, en est une sous-variété. Sa paille
est plus haute. L'épi est lâche. Le grain est blanc, renflé, à
écorce fine, très estimé par la brasserie.

Cette orge demande des sols assez fertiles et un climat
plutôt humide ; elle craint un peu l'échaudage.

L'orge *d'Italie* a une paille un peu moins développée que celle
de l'orge chevalier, son épi est plus ramassé, plus droit, plus
régulier. Variété moyennement hâtive, vigoureuse et rustique.

L'orge *Impériale* (fig. 75) se rapproche de l'orge d'Italie.

L'orge *de Moravie* se distingue de l'orge chevalier par son
épi qui est plus compact, plus large et plus ramassé. Le
grain, qui est gros et lourd, est estimé en brasserie.

L'orge *de Hanna* ressemble beaucoup à l'orge de Moravie,
dont elle est une sélection ; elle a un grain court, plein, à écorce
fine. Cette orge est assez précoce, elle est estimée en brasserie.
Elle réussit bien dans les terres légères, les climats secs, ne
redoute pas beaucoup l'échaudage.

On peut encore citer l'O. *de Bohême*, l'O. de *Goldthorpe*, *Prin-
cesse de Svalöf*, etc....

2° L'**orge éventail** (*H. zeocriton*), qui est encore désignée sous
les noms d'O. *riz*, d'O. *pyramidale*, d'O. *Paon*, est caractérisée
par ses grains qui sont d'autant plus proéminents qu'ils sont
plus près de la base de l'épi. La paille de cette orge est droite,
abondante ; le grain est petit, renflé, de très bonne qualité.
C'est l'orge des sols pauvres, des régions montagneuses, à
climats rigoureux. C'est une orge de printemps (fig. 76).

Enfin, il y a aussi l'orge *nue grosse* ; cette orge de printemps est à deux rangs, son épi est mince. Le grain est *nu*, gros, brunâtre.

Depuis quelques années l'établissement de Svalöf (Suède) a mis dans le commerce plusieurs variétés d'orges qui ont été surtout introduites en France par la Société d'encouragement de la culture des orges de brasserie en France. Telles sont les orges : Prinzess Svalöf, etc., Hannchen de Svalöf, Chevalier II de Svalöf; Primus de Svalöf, etc. Cette introduction a eu surtout pour but de montrer la supériorité des orges pures possédant des qualités éprouvées par des cultures pédigrées (c'est-à-dire partant d'un seul grain). La même Société cherche à répandre des *orges pures indigènes* sélectionnées d'après la méthode du Dr Nilsson, de l'institut de Svalöf.

En France les races indigènes cultivées sont constituées par de nombreuses variétés ayant une valeur très différente : certaines de ces variétés mélangées peuvent prendre le dessus, surtout si l'on n'apporte pas de soins spéciaux au choix de la semence, et malgré la sélection on arrive même à avoir des orges dont les grains, au lieu d'être arrondis, se sont allongés ; ils ont alors beaucoup d'écorce et leur valeur industrielle est inférieure.

La méthode de sélection de Svalöf consiste à séparer des différentes espèces les grains portant des caractères différentiels. Ainsi dans l'*Hordeum distichum nutans* (orge à deux rangs à épis arqués), où se rencontrent la plupart de nos orges indigènes de brasserie, on voit les formes suivantes :

α) Axe de l'épillet du grain couvert de poils brillants, *longs, non ramifiés* ; nervures latérales dorsales *sans dents*.

β) Axe de l'épillet du grain couvert de poils brillants, *longs, non ramifiés*; nervures latérales dorsales *avec dents*.

γ) Axe de l'épillet du grain couvert de poils mats, cotonneux, en tire-bouchon, *courts et ramifiés* ; nervures latérales dorsales *sans dents*.

δ) Axe de l'épillet du grain couvert de poils mats, cotonneux, en tire-bouchon, *courts et ramifiés*: nervures latérales dorsales *sans dents*.

Ces différentes petites espèces, cultivées séparément et comparées entre elles au point de vue de la densité des épis, du tallage, de la régularité et de la nature du grain, ont permis à M. Blaringhem, professeur à la Sorbonne, d'émettre la loi suivante :

Dans un mélange d'espèces élémentaires α et β, appartenant au type d'orge à épis arqués, il faut éliminer tous les grains portant des dents sur les nervures latérales dorsales (type β) et ne conserver que des grains dépourvus de dents (type α).

L'espèce *Hordeum distichum nutans* β renferme des grains maigres, allongés, de qualité inférieure, ne convenant pas pour la brasserie, tandis que l'espèce élémentaire α renferme des grains à pellicule fine, moins allongés, convenant très bien pour faire un bon maltage.

On peut donc arriver, par les méthodes que nous venons d'indiquer, à séparer les espèces et contrôler la pureté des diverses sortes que l'on cultive.

Dans le travail d'amélioration des orges, il est également tenu compte de la densité de l'épi ; ce travail est complété par l'analyse chimique des grains.

Grâce aux travaux de la Société d'encouragement de la culture des orges de brasserie en France, il est à présumer que bientôt les agriculteurs des différentes régions auront à leur disposition des orges parfaitement adaptées à leur sol et possédant des qualités recherchées par les brasseurs.

CHAPITRE XVII

COMPOSITION DE L'ORGE — RENDEMENT

D'après MM. Lawes et Gilbert le rapport du grain de l'orge à 100 de paille a été, en moyenne, pour des expériences continuées pendant vingt ans de 86,6 (orge chevalier).

M. Garola a obtenu pour orge chevalier 72,9 de grain pour 100 de paille ; pour escourgeon 82,9 de grain pour 100 de paille.

La proportion entre le grain et la paille varie beaucoup suivant le climat, la culture et la variété.

Le poids de l'hectolitre de grain est en moyenne 60 kilogr. pour l'escourgeon et de 65 à 70 pour l'orge de printemps.

Le grain, la paille et les barbes de l'orge ont la composition suivante :

	D'APRÈS KÜHN — GRAIN	D'APRÈS BOUSSINGAULT — PAILLE	D'APRÈS GOHREN — BARBES
Eau	14,3	14,2	14,3
Matières protéiques	10,	1 9	3,
Graisse	2,3	1.7	1.5
Matières non azotées	64,1	43,8	37,
Ligneux	7.1	34.4	30,
Cendres	2.2	4.	13.95
TOTAL . . .	100,	100,	100,

Cette composition varie suivant la variété. Les pailles des orges de printemps sont en général plus riches que celles des orges d'hiver.

Le grain des orges a servi longtemps à faire un pain peu estimé. Il est maintenant utilisé pour l'engraissement des animaux domestiques ; dans le Midi, on le donne aux chevaux en guise d'avoine. Ce grain est transformé aussi en orge perlée, orge mondée. On fabrique également avec l'orge, de l'alcool. Mais son usage le plus important est de servir de base à la fabrication de la bière. Les déchets provenant de cette fabric tion sont utilisés dans la ferme sous les noms de *touraillons* et et de *drêche*.

Les touraillons sont les radicelles de l'orge qui tombent pendant le dégermage. On les appelle souvent *germes d'orge*.

Les touraillons sont très riches en matières azotées (25 à 30 pour 100). À l'état frais, ils peuvent servir à l'alimentation des animaux, mais, comme ils sont amers, pour qu'ils puissent être acceptés, on doit les échauder à l'eau bouillante et les mélanger avec d'autres aliments (tourteaux ou drêche par exemple).

Les touraillons peuvent être utilisés comme engrais ; ils agissent par l'azote qu'ils contiennent et aussi par l'acide phosphorique et la potasse (6 à 7 pour 100).

Les drêches sont les parties du malt restées dans les cuves : elles servent exclusivement pour la nourriture des animaux de la ferme. Elles doivent être employées fraîches, et, comme elles sont très riches en eau, elles conviennent très bien aux vaches laitières. Les drêches contiennent de 16 à 22 pour 100 de matières azotées et de 4,50 à 6 pour 100 de matières minérales.

Les drêches fraîches s'altèrent très vite, aussi peut-on les employer à l'état sec, après leur traitement dans des appareils à dessiccation.

Lorsque le grain sert à l'alimentation des animaux domestiques, on doit chercher à produire des grains riches en matières azotées, mais pour la brasserie on demande des orges qui en contiennent le moins possible et le maximum d'amidon ; la matière azotée en excès nuisant à la limpidité et à la conservation des bières.

On recherche pour fabriquer le malt des orges contenant 65 à 68 pour 100 d'amidon et 10 pour 100 de matières azotées. Les grains cornés fournissent un malt médiocre.

La paille, qui est plus courte que celle du blé, est surtout utilisée comme litière, elle est inférieure comme aliment aux pailles de blé et d'avoine.

Les barbes d'orge peuvent à la rigueur servir à l'alimentation des animaux mais pour cela il faut qu'elles aient été mêlées avec des cossettes de sucrerie : l'échauffement des cossettes dans le silo les ramollissant.

Les **rendements** sont variables : avec l'escourgeon on peut atteindre 70 hectolitres à l'hectare. Un rendement de 35 à 40 hectolitres est une bonne moyenne.

Les orges de printemps sont moins productives, en moyenne 25 à 30 hectolitres, on peut aller cependant à 50 hectolitres.

Dans la production des orges de brasserie, il ne faut pas sacrifier la qualité à la quantité, aussi, comme nous allons le voir, les engrais azotés doivent être employés à dose modérée.

CHAPITRE XVIII

PLACE DE L'ORGE DANS L'ASSOLEMENT
SOLS QUI CONVIENNENT A L'ORGE
LES BESOINS D'ENGRAIS DE L'ORGE

51. Place de l'orge dans l'assolement. — Dans les circonstances ordinaires l'escourgeon occupe la même place que le froment dans les assolements. Cette orge vient quelquefois après lui. Mais il faut alors pour qu'elle réussisse bien, que le sol ne soit pas infesté de mauvaises plantes. L'escourgeon réussit bien après fourrages annuels : vesces, trèfle incarnat, etc.

L'orge de printemps remplace souvent l'avoine. Les plantes sarclées sont de très bons précédents pour l'orge, surtout pour celle de brasserie, le sol étant net de mauvaises herbes. Après trèfle, l'orge donne en général un fort rendement, le grain est riche en azote, et ne convient par conséquent pas pour la brasserie. Il est bon alors, lorsque l'on cultive l'orge pour servir à la fabrication de la bière, de ne pas donner d'engrais azotés mais bien des engrais minéraux.

52. Sols qui conviennent à l'orge. — L'orge vient dans tous les terrains pourvu qu'ils soient sains. Elle germe mal dans les terrains trop compacts : ne réussit pas dans les sols arides, les terres humides ou tourbeuses : les défrichements de bruyères ne lui conviennent pas. Elle peut venir cependant sur les sols légers à la condition que le climat soit suffisamment humide.

Les variétés d'hiver ne redoutent pas les terres légères calcaires ou siliceuses. Celles de printemps réussissent surtout sur les formations profondes et substantielles.

Pour la culture des orges de brasserie on doit rechercher les terres franches, moyennes : en terres pauvres ou sèches, l'échaudage se produit : dans les trop riches, la verse survient. Dans les deux cas on a un grain long, vitreux, indice d'une grande richesse en azote.

Les racines de l'orge atteignent en moyenne une longueur de 45 centimètres.

53. Les besoins d'engrais de l'orge. — *Fumures employées.*

— Un récolte de 50 hectolitres d'escourgeon (d'après M. Garola), pour constituer la matière sèche contenue dans les grains, pailles et racines, soit 6259 kilogrammes, demande les éléments nutritifs suivants :

Azote . . . . 85 kilog. 8
Acide phosphorique. . . . . 36 kilog.
Chaux. . . . . 39 kilog. 8
Potasse . . . . 50 kilog.

D'après le même auteur une récolte de 40 hectolitres d'orge de printemps, pesant 62 kilogrammes l'hectolitre (grain, paille et racines), enlève au sol :

Azote . . . . 36 kilog. 5
Acide phosphorique. . . . . 79 kilog. 3
Chaux. . . . . 42 kilog. 6
Potasse . . . . 93 kilog. 3

II. Werner donne les chiffres suivants :

	ORGE A DEUX RANGS		ORGE A SIX RANGS	
	17 QUINT. 5 DE GRAIN	22 QUINT. DE PAILLE	10 QUINT. 8 DE GRAIN	15 QUINT. DE PAILLE
	kil.	kil.	kil.	kil.
Azote	28.5	13,8	16,5	7,2
Potasse.	8	20.2	4,7	13,9
Chaux.	1	6,9	0,6	5,0
Magnesie	3,3	2,3	2	1,7
Acide phosphorique . . .	13,7	3	8,1	2,9

C'est des quatre céréales étudiées, celle qui a les plus petites exigences.

La potasse et la chaux sont absorbées en quantité beaucoup moindre que par le blé et le seigle. Pour l'acide phosphorique. à peu près comme pour le seigle et moitié moins que le blé.

C'est l'azote que la plante absorbe en plus grande quantité. Comme pour les céréales précédentes c'est au printemps avant le tallage et jusqu'à la pleine floraison que l'*escourgeon* a le plus besoin d'engrais. La potasse est absorbée avec le plus d'avidité, puis. la chaux ; l'azote vient en troisième ligne et l'acide phosphorique ensuite. Dans les autres céréales le besoin d'acide phosphorique est presque toujours supérieur au besoin d'azote.

L'*orge de printemps* a des besoins beaucoup plus grands d'engrais rapidement assimilables que l'escourgeon.

C'est surtout de la levée à la floraison, principalement au moment du tallage que le besoin d'engrais est le plus intense. L'azote est le plus absorbé dans la première phase.

M. Rémy dit que les besoins nutritifs de l'orge, au point de vue de l'acide phosphorique et de la potasse, se produisent surtout dans les deux premiers mois qui suivent les semailles ; pendant cette période, l'orge a déjà couvert la totalité de ses besoins en potasse et environ 85 pour 100 de ses besoins en acide phosphorique.

Pour l'orge de brasserie nous avons dit précédemment que le brasseur recherchait les orges contenant le moins possible de matières azotées. Or, les engrais azotés et particulièrement le nitrate de soude, qui comme on le sait, fournit l'azote soluble, augmente la teneur en matière azotée si on les emploie inconsidérément, sans tenir compte surtout de l'état de végétation.

Il faut donc, pour les orges destinées à la brasserie, employer les engrais azotés à dose modérée et ne pas négliger d'y associer des engrais minéraux, principalement des superphosphates (3 à 400 k.) ou des scories de déphosphoration, suivant la nature du sol.

Les expériences faites par MM. Lawes et Gilbert sur l'orge Chevalier pendant de longues années ont montré que la *quantité* est principalement influencée par la somme d'azote utilisable, tandis que la *qualité* est subordonnée à la masse des matières minérales disponibles, surtout l'acide phosphorique.

M. Grüber exclut, pour la culture de l'orge de brasserie, toute fumure directe élevée, de fumier de ferme, de purin ou de matières fécales. M. Berthault fait remarquer que dans les terres légères, le fumier a une action très heureuse sur la montée de l'orge et que par suite il assure l'épiage régulier.

M. Stoklasa a constaté que les engrais potassiques (150 à 200 k. chlorure de potassium) produisaient une augmentation de l'amidon et une diminution de l'azote ; c'est ce que recherchent le malteur et le brasseur.

Pour les orges dont les grains sont réservés pour l'alimentation des animaux de la ferme, les fumures azotées ne doivent pas être négligées, sans aller cependant jusqu'à provoquer la verse ; souvent pour l'escourgeon d'hiver le fumier de ferme est employé : cette fumure est alors complétée par 400 à 500 kilogrammes de superphosphate.

CHAPITRE XIX

CULTURE PROPREMENT DITE DE L'ORGE

54. Préparation du sol. -- Les orges demandent un sol très ameubli.

On donne à la terre destinée à l'escourgeon les mêmes préparations que pour le froment. Le sol peut être labouré profondément. Si l'escourgeon suit un blé, on donne un déchaumage aussitôt après l'enlèvement de la récolte, puis un labour avant de semer. L'orge ne redoute pas énormément un tassement incomplet.

Pour que l'orge de printemps réussisse bien, il faut que le sol ait été labouré avant l'hiver. Après plantes sarclées on ne donne qu'un seul labour, il en est de même après trèfle. Lorsque l'orge de printemps suit un blé, on donne un déchaumage après l'enlèvement de la récolte précédente, puis un labour en novembre ou décembre.

55. Semences et semis. — Comme semences on devra choisir des grains bien réguliers, d'une coloration peu foncée, n'ayant aucun point à leur surface ; d'une bonne odeur de paille. La semence doit être d'une propreté absolue.

Les orges peuvent être attaquées par le *charbon*, aussi il est bon de sulfater la semence (voir p. 58). La faculté germinative des orges disparaît vite, aussi doit-on de préférence employer pour semence des graines de la dernière récolte.

Pour les orges de brasserie, on doit sélectionner de façon à arriver à obtenir à la fois le maximum de rendement et le maximum de qualité. Il faut une orge pure, belle de forme, grosse, à écorce fine, à cassure farineuse, pesant de 66 à 70 kilogrammes. On choisira les épis qui se distinguent par leur grand rendement en grains.

Par la sélection et la réussite de la moisson on arrivera à produire des orges recherchées par la brasserie, c'est-à-dire saines, de couleur jaune paille, d'odeur franche, sans brisures. Si le grain a été mal récolté, il a une odeur de moisi, sa couleur est grise et la bière faite avec aura un mauvais goût. Les orges de brasserie doivent être très sèches et ne pas contenir plus de 14 à 15 0 0 d'eau ; elles doivent être pauvres en azote et riches en amidon. Il faut aussi qu'elles aient une très bonne germination, rapide et uniforme : cela dépend beaucoup du volume du grain, de son uniformité. Pour arriver à tout cela, il faut choisir des *sortes pures* qui ont des grains d'une grande uniformité de composition chimique.

En général, les semis hâtifs sont à conseiller principalement pour les orges de brasserie. Avec des semis tardifs les orges ne montent pas régulièrement. Dans une terre sèche et sous un climat doux on sèmera dès le mois de février ; avec un climat plus froid, en mars.

En Algérie on sème en janvier.

L'escourgeon se sème en septembre, avant le blé.

À la volée on met pour l'escourgeon 200 à 250 litres et pour l'orge de printemps 250 à 300 litres. Au semoir on peut ramener les doses à 180-200 et 200 à 250.

On répand d'autant plus de semence que le sol est plus pauvre et que les semis sont plus tardifs, car on ne peut alors guère compter sur le tallage.

Pour les orges de brasserie on recommande de semer en lignes très rapprochées pour éviter le tallage et par conséquent une végétation tardive ; il est bon également de ne pas semer, dans ces orges, des graines de prairies.

Les semis en lignes ont le grand avantage d'assurer une grande régularité dans la levée, ce qui est très important pour les orges de brasserie dont on recherche une végétation régulière, ce qui amène une maturité de toute la récolte au même moment.

L'orge demande à être enterrée assez profondément, de 6 à 8 centimètres. On obtient cela facilement avec le semoir. À la volée l'on a recours pour faire l'enfouissement à deux coups de herse croisés.

Après les semis de printemps, dans les terres légères et par un beau temps, on roule généralement.

Souvent dans les orges de printemps on sème des graines de trèfle, luzerne, etc. Ces graines se sèment aussitôt après l'orge. Si le semis a lieu à la volée, elles sont enterrées par un léger hersage et dans les sols légers par un roulage. Au semoir, si le terrain le permet, on sèmera perpendiculairement aux lignes d'orge.

56. Soins d'entretien. — On donne aux orges les mêmes soins qu'aux blés et aux avoines. Un binage au printemps est à conseiller : ce binage ne peut être donné économiquement

que dans les semis en lignes avec des houes à cheval : les
lignes doivent être alors espacées de 18 à 20 centimètres. Il
favorise l'épiage, surtout dans les terres sèches, tout en assu-
rant la propreté du sol. Si la verse est à craindre, le binage est
à supprimer.

Ces binages sont très utiles dans la culture des orges de
brasserie.

Beaucoup d'agriculteurs redoutent de herser les jeunes orges,
car le froissement des feuilles les fait souffrir.

Si la terre est envahie par la moutarde sauvage, etc., il faudra traiter par des pulvérisations de sulfate de cuivre, etc.
(voir p. 100).

57. Maladies, insectes. — Les orges sont envahies par la rouille,
mais moins cependant que le blé et l'avoine ; elles le sont assez par le charbon ; parfois aussi, mais plus rarement, par l'ergot.

Comme insectes on peut citer : le *Chlorops de l'orge* (Chlorops Herpini),
mouche dont la larve attaque la base des épis ; l'*Oscine ravageuse*, dont la
larve ronge l'intérieur des tiges, et le *Taupin obscur*, qui mange les racines.

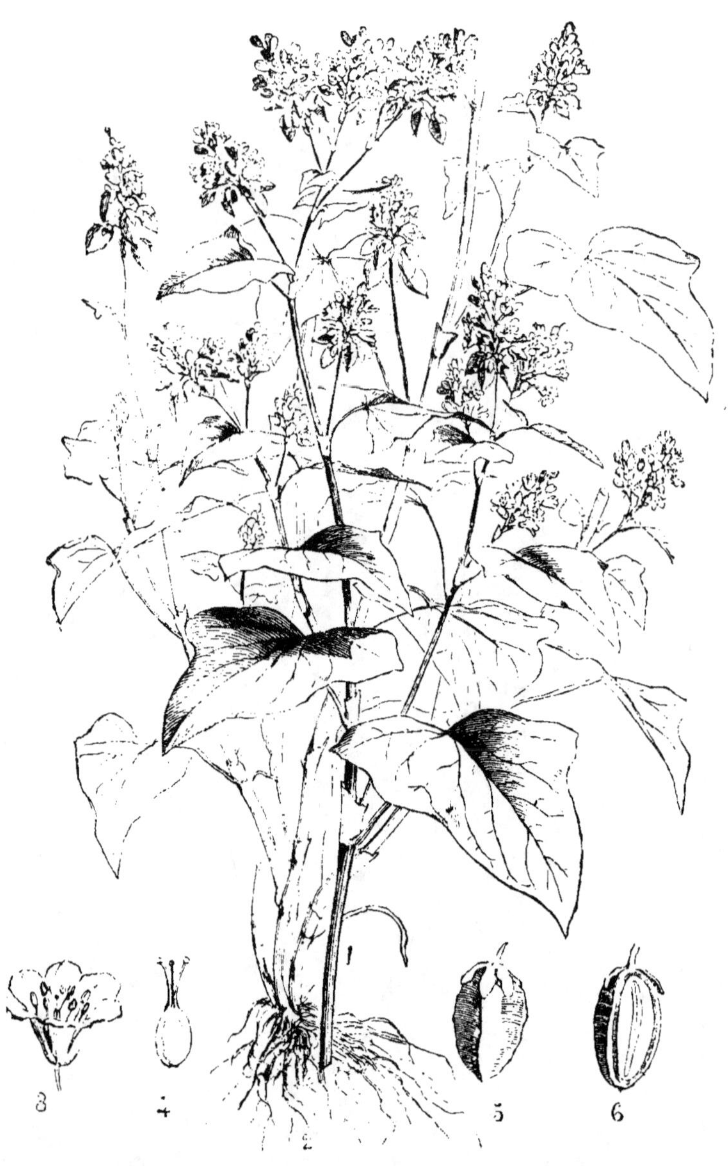

FIG. 77. — SARRASIN.

1. rameau florifère; 2. port de la tige; 3. fleur; 4. gynécée; 5. fruit;
6. coupe longitudinale du fruit.

SARRASIN

CHAPITRE XX

NOTIONS PRÉLIMINAIRES

Le **sarrasin** (*Polygonum fagopyrum L.*), qui appartient à la famille des Polygonées, est souvent désigné sous le nom de blé noir. Il est originaire de l'Orient (Asie centrale, Mongolie). En Europe sa culture remonte au quinzième siècle. En France le sarrasin occupe de grandes surfaces : en Bretagne, dans le plateau central, la Sologne, le Cotentin, le Morvan et la Bresse. Cette plante est aussi très cultivée en Allemagne, en Autriche et en Hongrie.

En France, on a cultivé en moyenne par an (de 1809 à 1908) : 546 710 hectares en sarrasin, qui ont produit 7 847 150 hectolitres, ou 4 993 480 quintaux, soit 14 hectol. 35 par hectare. L'hectolitre a pesé 63 kg 63.

58. Caractères du sarrasin. — Le sarrasin a une tige grosse, rameuse, des feuilles sagitées, acuminées, portées par un long pétiole. Les fleurs disposées en grappes de cymes à l'extrémité des rameaux sont à cinq pétales blanc rosé et huit étamines, l'ovaire est libre, trigone. Le fruit est un achaine polyédrique à faces triangulaires et à arêtes arrondies de nuance brunâtre. La graine renferme un albumen farineux.

59. Mode de végétation. — Le sarrasin germe rapidement; au bout de quatre à cinq jours la levée a lieu. Un mois après la levée, les fleurs commencent à apparaître et trois semaines après la floraison est terminée. De la levée à la maturité il s'écoule environ 100 jours.

Le sarrasin demande pour arriver à maturité de 1500 à 1800° de chaleur, défalcations faites des températures inférieures à 6°. M. Garola a trouvé les nombres suivants (sarrasin cultivé à l'ombre).

Du semis à la levée.	78 degrés.
De la levée à la floraison	1103 —
De la floraison à la maturité	690 —
Total.	1871 degrés.

Le sarrasin demande un climat tempéré, plutôt humide que sec. Il est cultivé jusqu'à 1000 mètres d'altitude dans les montagnes d'Auvergne, du Roussillon, du Périgord, du Quercy, des Cévennes et des Pyrénées.

Cette plante est délicate, elle redoute au printemps les gelées tardives ; les pluies continuelles ou les trop fortes chaleurs sont très nuisibles aux fleurs et les font avorter. Le sarrasin craint également les vents violents.

60. Variétés. — Les principales espèces cultivées sont :

1° Le **sarrasin commun** (*Polygonum fagopyrum*), qui est à grains noirs anguleux : il est avantageusement remplacé par le

Fig. 78.
SARRASIN GRIS OU ARGENTÉ.

Fig. 79.
SARRASIN DE TARTARIE.

sarrasin *gris ou argenté* (fig. 78) qui a un grain plus arrondi ; il contient une forte proportion d'amande ;

2° Le **sarrasin de Tartarie** (fig. 79) (*Polygonum tartaricum*), a des grains noirâtres, petits et rugueux, il est très rustique et convient aux sols calcaires. Le grain ne peut servir qu'à l'engraissement des animaux. Il a fourni le *sarrasin seigle*.

3° Le **sarrasin émarginé** (*Polygonum emarginatum*), originaire du Népaul, a des graines à arêtes saillantes et membraneuses. Pour ainsi dire pas cultivé. Certains auteurs rattachent le sarrasin émarginé au sarrasin commun.

61. Composition du sarrasin. — D'après de Gasparin, en culture dérobée, le grain du sarrasin est à la paille dans la proportion de 100 à 72.

M. Heuzé a indiqué, pour la culture spéciale, que le grain est à la paille dans la proportion de 100 à 150. Cette proportion est excessivement variable. Le poids de l'hectolitre varie entre 55 et 70 kilogrammes. Il dépend de la qualité du grain et du nettoyage qu'il a subi.

L'enveloppe entre environ pour 20 pour 100 dans la constitution du grain. Un hectolitre de sarrasin ordinaire du poids de 60 kilogrammes donne à la maturité : 44 kilogrammes de farine et 15 kilogrammes de son.

Le *grain, la paille et les balles de sarrasin* ont la composition moyenne suivante :

	GRAINS	PAILLES	BALLES
	Pour 100	Pour 100	Pour 100
Eau	13,10	12,10	12,33
Matières azotées.	10,10	4,10	4,38
Matières grasses.	1,50	1,40	"
Matières hydrocarbonées .	50,50	32,00	28,70
Cellulose.	14,00	44,30	52,25
Cendres	1,80	5,20	2,20

Dans les contrées où le sarrasin est très cultivé, il entre pour une grande proportion dans l'alimentation humaine. Ce grain est estimé pour l'engraissement des animaux. principalement des porcs et des volailles.

Donné aux chevaux il occasionne souvent des démangeaisons. Ces démangeaisons seraient dues à une sorte de poussière qui s'échappe des enveloppes calcinales qui se trouvent à la base de la graine.

La paille, qui est assez riche. ne peut guère être utilisée que comme litière et cela immédiatement après le battage. car elle ne se dessèche que difficilement et par conséquent ne peut se conserver longtemps.

CHAPITRE XXI

PLACE DU SARRASIN DANS L'ASSOLEMENT
SOLS QUI CONVIENNENT AU SARRASIN
LES BESOINS D'ENGRAIS DU SARRASIN

62. Place du sarrasin dans l'assolement. — Le sarrasin est une plante très étouffante, aussi peut-il succéder ou précéder toutes les autres plantes cultivées. Il donne de bons résultats sur défrichement de landes et de bruyères, il en est de même sur les marais desséchés et après pâturages. En culture dérobée, il vient généralement après céréales précoces ou fourrages annuels. Le sarrasin ayant le précieux avantage d'étouffer les plantes adventices qui pourraient se développer avec lui, est un excellent précédent pour toutes les plantes. Les autres céréales : blé, avoine, seigle, réussissent très bien après lui.

63. Sols qui conviennent au sarrasin. — Le sarrasin est peu exigeant sur la nature du sol, il demande des terres saines et de consistance moyenne. Il vient bien sur les sols granitiques, schisteux, siliceux ou silico-argileux. Aussi sa culture a surtout de l'importance, en Bretagne, en Normandie et dans les régions granitiques du plateau central. Il réussit aussi sur les défrichements. Cette plante n'aime pas les terres fortes, humides et les terres calcaires; pour ces dernières on réserve le sarrasin de Tartarie.

Les racines atteignent, en moyenne, 30 centimètres de longueur.

64. Les besoins d'engrais du sarrasin. Fumures employées. — Le sarrasin est une plante à végétation très rapide, il a un système radiculaire peu développé (de 10 à 15 pour 100), aussi le sol doit lui fournir rapidement les éléments nutritifs qui lui sont nécessaires.

Une récolte de 30 hectolitres de grain pesant 60 kilogrammes, soit 18 quintaux, renferme à la maturité d'après M. Garola :

	MATIÈRE SÈCHE	AZOTE	ACIDE PHOSPHO-RIQUE	CHAUX	POTASSE
Racines	411	4,7	3,2	3,4	3,3
Grains	1530	38,1	18,4	6,4	8
Tiges, etc.	2052	25,4	21,9	65,—	31,3
Totaux. . . .	3993	68,2	43,5	75,5	42,6

Pour une récolte de 30 hectolitres, le sarrasin doit pouvoir tirer du sol 117 kg 5 de chaux et 87 kg 30 de potasse: ces quantités se trouvent dans la plante au moment de la pleine fleur.

C'est pour la potasse et la chaux que cette céréale a la plus grande avidité. La rapidité de l'absorption et dans l'ordre décroissant : potasse, azote, chaux et acide phosphorique. Il est donc probable, comme le dit M. Garola, qu'une petite fumure de nitrate de soude, dans les sols ordinairement riches en potasse, où l'on cultive le blé noir, complétée par du phosphate de chaux, donnerait de bons résultats.

Toujours d'après le même savant « à partir du commencement de la floraison jusqu'à la pleine fleur, la plante continue à avoir besoin de potasse et de chaux, tandis que la quantité d'azote et d'acide phosphorique absorbée diminue. Il résulte de cela que le sarrasin se contente d'engrais phosphatés et azotés à lente décomposition relative, à condition d'assurer le départ de la végétation par un petit apport d'engrais soluble ».

Le sarrasin ayant un système radiculaire peu développé, demande beaucoup au sol pour produire de gros rendements, mais comme il vient à une époque où la nitrification est très active son épuisement est moins apparent.

Il a été remarqué que dans les sols très riches en azote le sarrasin pousse très vigoureusement, mais si dans ces conditions il donne beaucoup de paille, la quantité de grains est proportionnellement peu élevée.

Dans les sols pauvres en acide phosphorique les engrais phosphatés donnent de très bons résultats, ce sont les engrais le plus communément employés. Les engrais potassiques sont également à recommander.

Généralement on n'emploie pas de fumure au fumier de ferme pour la culture de cette plante.

CHAPITRE XXII

CULTURE PROPREMENT DITE DU SARRASIN

65. Préparation du sol. — Le sarrasin demande un sol très bien ameubli. En culture principale il sera donc bon de donner un labour au début de l'hiver, de façon que les gels et les dégels puissent produire leur action; en mars on donne un second labour et un troisième avant le semis. Dans les terrains sablonneux, on peut supprimer le labour d'hiver. Sur défrichement on ne donne qu'un labour, il doit être exécuté quelque temps avant le semis.

En culture dérobée, on ne donne qu'un seul labour.

66. Semailles. — En culture principale, on sème en mai et juin. En culture dérobée on peut semer encore en juillet, mais il ne faut pas semer trop tard, car la récolte serait difficile. Les semis tardifs donnent plus de grain proportionnellement à la paille que les hâtifs.

Pour que les semis réussissent, il est bon d'attendre que la température soit assez élevée (15° environ). La graine de sarrasin pour germer, absorbe relativement peu d'eau (46,90 pour 100 de son poids), mais elle exige beaucoup de chaleur pour lever.

Après la semaille, une température chaude avec humidité jusqu'après la floraison, puis ensuite une température sèche, assurent la réussite du sarrasin.

Pour le semis, on ne doit employer que des graines de la dernière récolte, bien sélectionnées, propres, lourdes. Le sarrasin se ramifiant beaucoup, la quantité de semence à mettre par hectare ne doit pas être très élevée. En culture principale, on met 50 à 60 litres au semoir et 60 à 70 litres à la volée. En culture dérobée on augmente de 5 à 10 litres.

L'enfouissement des graines semées à la volée se fait à la herse.

Habituellement pendant sa végétation, le sarrasin ne reçoit aucun soin d'entretien, cependant si le sol a été mal préparé et s'il est infesté de mauvaises plantes, il faut avoir recours au sarclage à la main. Les plantes les plus à craindre sont la ravenelle, la mercuriale et la persicaire.

67. Récolte et rendement. — Le sarrasin ne mûrit ses graines que successivement; on trouve sur les mêmes inflorescences des graines vertes et des graines mûres. Si on ne veut pas perdre les premières graines mûres, par égrenage naturel, il ne faut pas attendre que toutes soient arrivées à maturité. On coupe alors lorsque la plus grande partie des semences a pris une teinte foncée. La récolte a généralement lieu en septembre et quelquefois, pour la culture dérobée, en octobre.

La coupe se fait à la faucille ou le plus souvent à la faux armée; la récolte est liée en petites gerbes que l'on dresse

FIG. 80. — SÉCHAGE DU SARRASIN.

deux à deux, l'une contre l'autre. Quinze jours ou trois semaines après, suivant la température, on rentre la récolte et on la bat immédiatement au fléau. Le battage à la machine es difficile.

Le grain, après avoir été passé au tarare, doit être écarté grenier, en couches minces, il faut alors souvent le remuer pour éviter qu'il s'échauffe. La paille mise en meule doit être utilisée de suite, comme litière.

Les rendements dépendent beaucoup de la température et aussi suivant que le sarrasin a été cultivé en culture principale ou en culture dérobée.

En culture dérobée Burger a obtenu 11 hectolitres (moyenne de 15 années). En culture principale Schwerz indique 25 hectolitres. Le sarrasin n'est atteint par aucune maladie sérieuse.

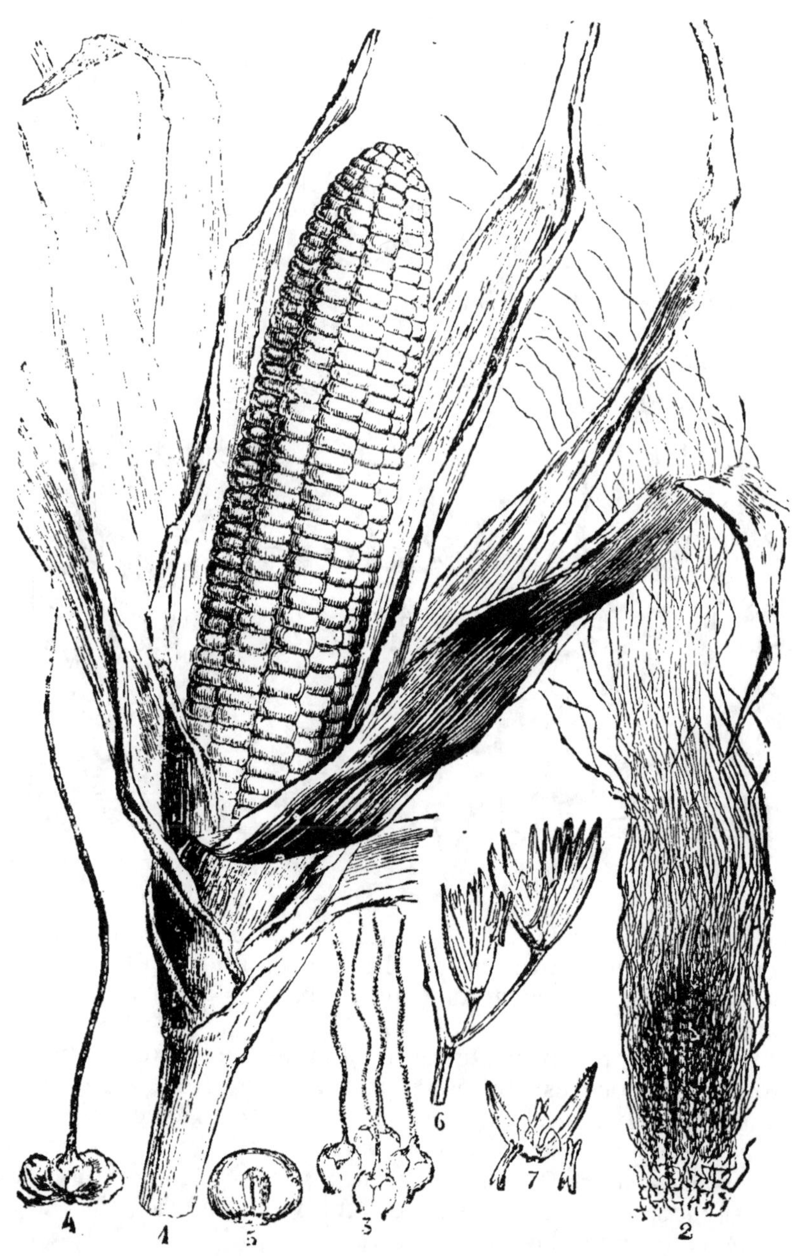

FIG. 81. — Maïs.

1, épi mûr; 2, épi femelle avant la maturité et dépouillé de ses bractées;
3 et 4, fleur femelle; 5, grain; 6, épi mâle; 7, fleur mâle.

MAÏS

CHAPITRE XXIII

NOTIONS PRÉLIMINAIRES

68. Le maïs (*Zea mays* L.) qui appartient à la famille des graminées est souvent désigné sous le nom de blé de Turquie. Il est originaire de l'Amérique.

Cette plante a été importée en Europe par Christophe Colomb. En France, c'est vers la fin du XVIe siècle qu'on commença à la cultiver.

En France, on a cultivé en moyenne par an (de 1899 à 1903) : 511 550 hectares en maïs, qui ont produit 8 105 170 hectolitres ou 5 981 390 quintaux, soit 16 hectol. 02 par hectare. L'hectolitre a pesé 72 kg 98.

69. Caractères du maïs. — Le maïs est une plante annuelle, monoïque. L'inflorescence mâle, placée à l'extrémité de la tige est une *grappe d'épis*. Les fleurs femelles, situées à l'aisselle des feuilles moyennes forment des *épis composés*.

Les épillets, sessiles, comprennent deux fleurs dont l'inférieure est stérile, l'autre a l'ovaire surmonté de deux longs styles plumeux et donne naissance aux graines de maïs qui sont des cariopses. L'inflorescence femelle est recouverte par des *spathes* foliacées.

Le maïs a des racines traçantes : la tige qui est remplie d'une moelle sucrée, est ronde, droite, simple, robuste, munie de nœuds. Les feuilles qui sont alternes, sont très grandes, ensiformes.

70. Modes de végétation — *Action de la chaleur.* — Au bout de huit à dix jours après le semis, si la température moyenne a atteint 10° au-dessus de zéro, la première feuille cotylédonaire, qui est enroulée en cornet, apparaît.

La température la plus favorable à la germination est de 33°,3.

Pour fleurir le maïs a besoin d'une température de 19°. Sa maturation s'opère très bien en période de chaleur décroissante. Lorsqu'il a reçu suffisamment de calorique il mûrit par 17°.

Défalcation faite des températures inférieures à 10° il faut au maïs, pour arriver à maturité, une somme de température de 2 300° environ.

M. Garola a trouvé que pour le maïs (précoce) il fallait (maïs cultivé à l'ombre) :

Du semis à la levée	91 degrés.
De la levée à la floraison	1216 —
De la floraison à la maturité	978 —
Total	2285 degrés.

La quantité totale de lumière radiante que le maïs (maïs quarantain) reçoit pendant sa végétation est d'environ 5 400°.

Action de l'humidité. — Pour une élaboration de 1 gramme de matière sèche il y a une transpiration d'environ 216 grammes d'eau, soit pour un rendement en grain de 23 quintaux et en paille de 52 quintaux, représentant 64 quintaux de matière sèche, une évaporation par hectare de 1382 mètres cubes.

Le maïs appartient à la zone tempérée chaude. Il ne peut mûrir en Europe au delà du 50° degré de latitude nord. En Amérique septentrionale il remonte jusqu'au 54° degré de latitude nord; en Amérique méridionale au 40° degré de latitude sud.

Comme altitude, le maïs mûrit rarement au-dessus de 1000 mètres.

La culture de cette plante, pour la production du grain, se fait principalement dans les départements du sud, sud-ouest et sud-est. Cependant, aux bonnes expositions, on le cultive encore dans nombre d'autres départements.

71. Variétés. — Il existe un très grand nombre de variétés qui diffèrent surtout par la forme et la coloration des grains et aussi par leur taille et leur précocité. Voici les principales :

I. — MAÏS A GRAINS BLANCS

1° *Maïs blanc des Landes* (fig. 82). — Assez précoce; tige de 1 m. 60 de haut; cultivé dans le sud-ouest. Grains nacrés, gros. Très bonne variété.

2° *King Philip blanc* (fig. 83). — Précoce, productif; tige de 1 m. 50 à 1 m. 70. Grains moyens arrondis, très blancs.

II. — MAÏS A GRAINS JAUNES

1° *Maïs à poulet* (fig. 84). — Très précoce: mûrit au nord de Paris; peu productif, tiges de 0 m. 60: grains petits, presque ronds.

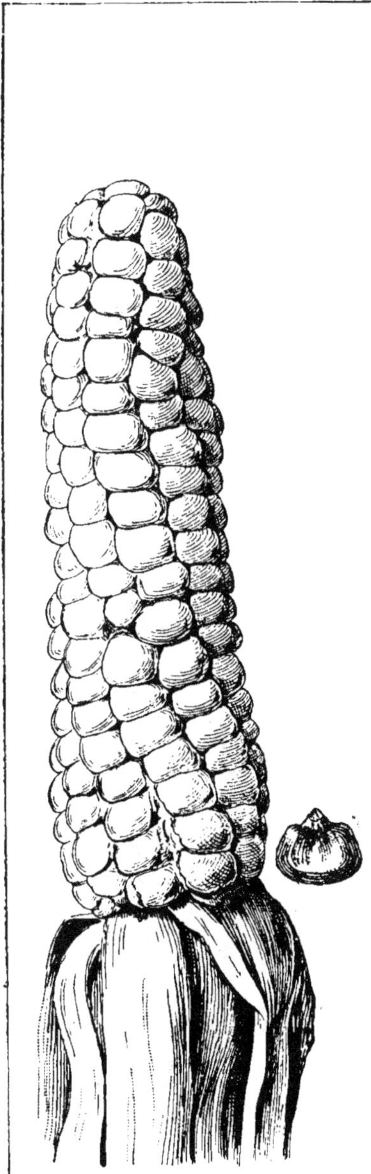

FIG. 82. — Maïs blanc
des Landes.

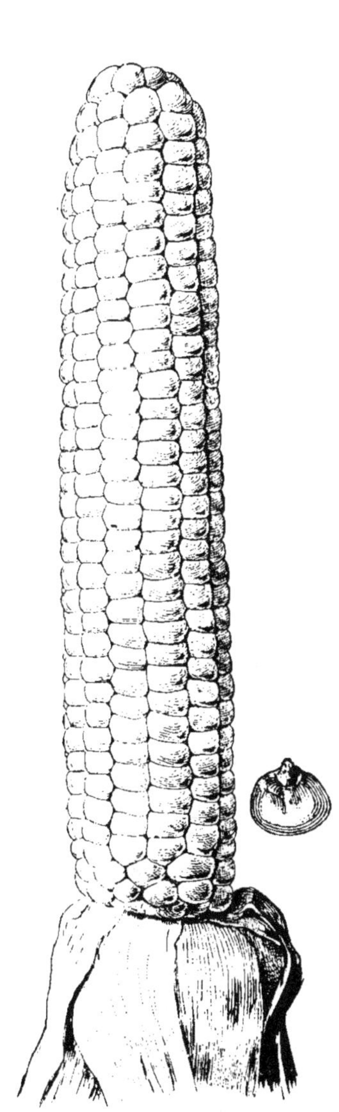

FIG. 83. — Maïs King Philip
blanc.

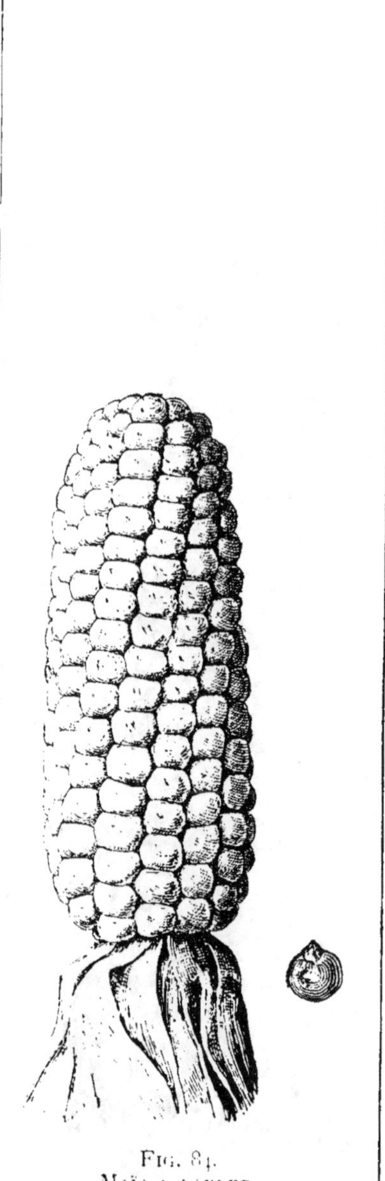

FIG. 84.
MAÏS A POULET.

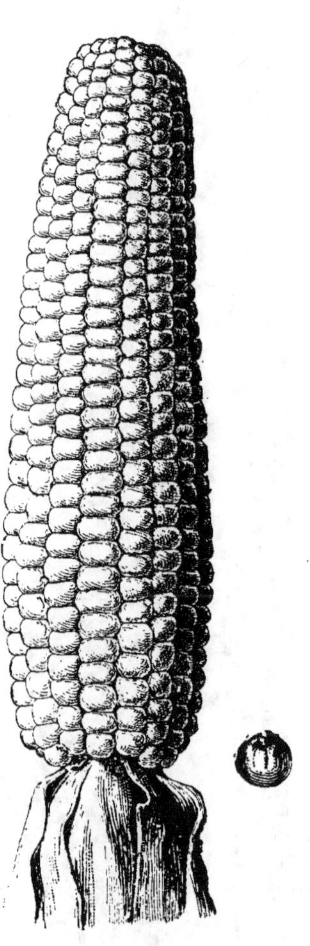

FIG. 85.
MAÏS QUARANTAINE.

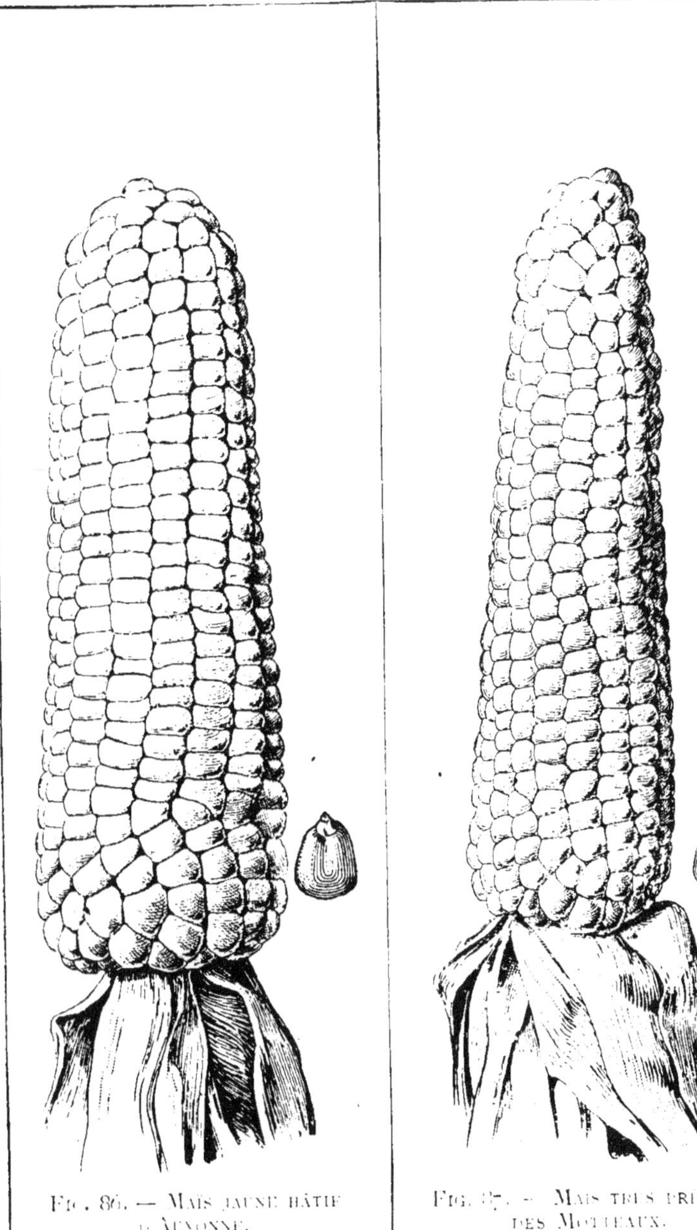

FIG. 86. — MAÏS JAUNE HÂTIF
D'AUXONNE.

FIG. 87. — MAÏS TRÈS PRÉCOCE
DES MOTTEAUX.

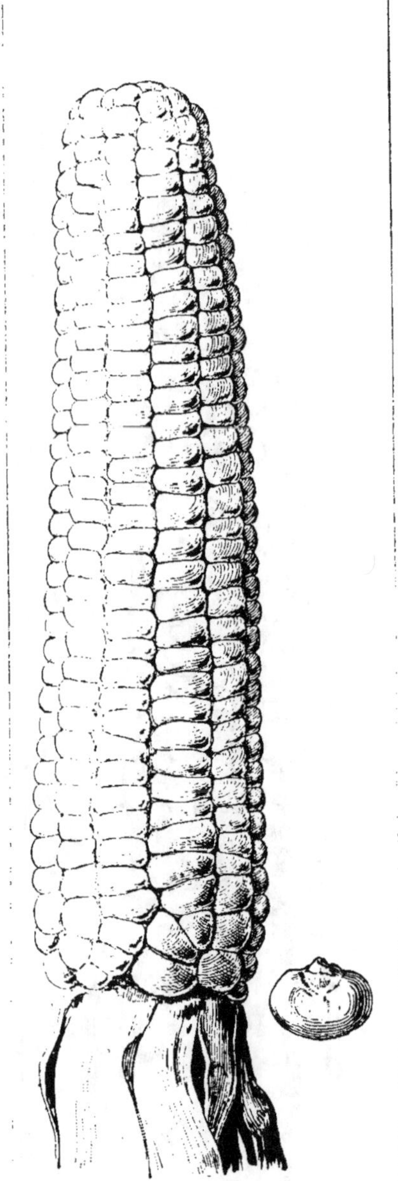

FIG. 88.
MAÏS JAUNE GROS.

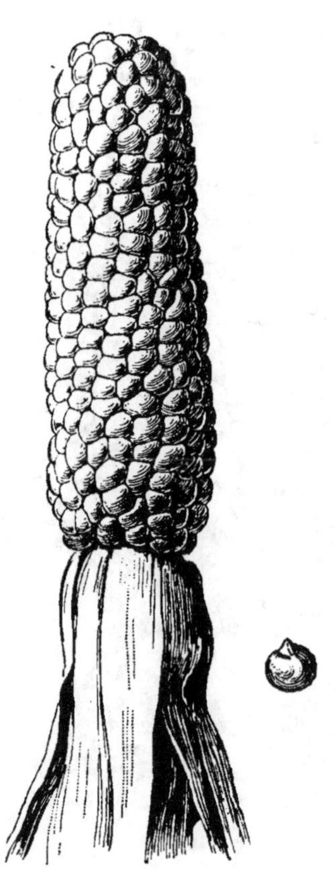

FIG. 89.
MAÏS JAUNE HÂTIF DU 15 AOUT.

2° *Maïs quarantaine* (fig. 85). — Très précoce, un peu plus productif que le précédent, mais un peu plus exigeant : tiges de 1 mètre ; grain jaune pâle.

3° *Maïs jaune hâtif d'Auxonne* (fig. 86). — Précoce ; assez productif : tiges de 1 m. 50. Grain jaune, serré, moyen, à farine jaune pâle très estimée. Sa sous-variété des *Motteaux* (fig. 87), est plus hâtive, son grain est jaune foncé.

4° *Maïs jaune gros* (fig. 88). — Un peu tardif ; très productif : tiges de 2 mètres. Grains gros, arrondis, jaune orangé vif, un peu corné. Convient très bien au midi.

On peut encore citer le maïs du *quinze août* à grain jaune, qui est très précoce (fig. 89), et le maïs *Szekely*, également très précoce.

III. — MAÏS A GRAINS COLORÉS

King Philip. — Précoce ; très productif : tiges de 1 m. 50 de hauteur ; grains aplatis, brun foncé ; variété très recommandable.

Maïs du quinze août à grain rouge. — Très précoce, assez productif ; tiges de 1 m. 20 de hauteur, grain farineux.

72. Composition du maïs. — La proportion des différents produits de la récolte (grains, tiges, spathes et rafles) varie suivant les variétés.

Pour 100 kilogrammes de grain on récolte en moyenne :

Tiges sèches.	150	kilogrammes.
Spathes	20	—
Rafles (axe central de l'épi)	3	—
Fourrage sec.	55	—

Le poids de l'hectolitre de grain est en moyenne de 72 kilogrammes. Le maïs à poulet pèse 78 kilogrammes. Le maïs blanc des Landes qui est à gros grains, 73 kilogrammes.

MM. Grandeau et Leclerc ont trouvé la composition moyenne suivante, d'après 38 analyses de maïs.

Eau	12.41
Amidon, etc.	79.20
Graisse.	4.07
Cellulose.	2.60
Cendres	1.33
Matières azotées.	0.39
Total.	100

A la mouture, le maïs rend environ 90 kilogrammes de farine et 8 kilogrammes de son.

Les maïs jaunes rendent plus de farine que les maïs blancs, mais ces derniers donnent une farine plus belle.

Voici la composition des différents produits de la récolte :

	FARINE	SON	PAILLE	SPATHES	RAFLES
Eau.	10,0	12.0	14,0	12,36	14,0
Matière azotée	15.2	8,0	3	3,25	1,4
Graisse	3,8	4.0	1,1	»	1,4
Extractifs non azotés. .	70,5	61,0	37,9	51,31	42.6
Cellulose	»	12,7	40,0	26,48	37,8
Cendres.	0,9	2,3	4,0	6,60	2,8

Le grain de maïs a de nombreux usages. Dans le midi il est encore employé à l'alimentation de l'homme, Sa farine sert à faire des gaudes (bouillies épaisses), des *pollenta* (pâte bouillie), des *milias* (pâte cuite au four). Avec addition de farine de blé on en fait du pain. On s'en sert aussi pour l'engraissement des divers animaux.

Enfin, il est la base de deux industries : l'amidonnerie et la distillerie. L'amidon de maïs est très estimé. On retire environ 34 litres d'alcool à 90 degrés de 100 kilogrammes de maïs. Les résidus de ces industries, drêches et tourteaux sont très estimés pour l'alimentation des animaux. Les germes fournissent aussi une huile qui sert dans l'industrie.

En plus de son grain le maïs donne les tiges, les spathes, les rafles. Les *tiges* peuvent être passées dans le râtelier des étables où les animaux consomment les parties fiolacées : le plus souvent elles sont brûlées sur-le-champ. Les *spathes* qui étaient utilisées autrefois pour faire les paillasses, servent maintenant à la nourriture des animaux ou encore à l'industrie de la papeterie. Les *rafles*, que l'on désigne souvent sous le nom de charbon blanc, sont utilisées comme combustible.

Les **rendements** du maïs sont très variables. Le maïs gros jaune rend, en moyenne, de 25 à 30 hectolitres à l'hectare. Le maïs quarantain et le petit maïs à poulet restent au-dessous de 20 hectolitres.

CHAPITRE XXIV

PLACE DU MAÏS DANS L'ASSOLEMENT
SOLS QUI CONVIENNENT AU MAÏS
LES BESOINS D'ENGRAIS DU MAÏS

73. Place du maïs dans l'assolement. — Le maïs vient le plus généralement en tête d'assolement où il remplace la jachère. Dans le midi où on suit souvent l'assolement biennal, le blé succède au maïs ; dans ce cas ce dernier est semé de bonne heure et peut être récolté assez tôt pour permettre de préparer le sol à la culture de blé.

Dans les pays à étés courts, le maïs mûrissant trop tard pour qu'une céréale d'automne puisse lui succéder, il vient généralement après un blé et est suivi par une plante de printemps : avoine, orge, tabac, chanvre, etc.

M. Robaté conseille pour la Chalosse l'assolement suivant :
1re sole : maïs ;
2e sole : navets et farouche, betterave, pomme de terre :
3e sole : blé :
4e sole : trèfle violet, ray-grass, vesce d'hiver. Avec cet assolement on peut cultiver une légumineuse et l'on récolte beaucoup de fourrage, ce qui permet davantage d'animaux et par suite plus de fumier de ferme, si utile dans la culture du maïs.

74. Sols qui conviennent au maïs. — Quoique le maïs ne paraisse pas avoir des exigences très marquées en ce qui concerne la nature minéralogique du sol, il est bon, dans les pays méridionaux, de lui réserver les terres un peu argileuses, les alluvions profondes, argilo-calcaires ou argilo-siliceuses, ne se desséchant pas en été ou pouvant être irriguées.

Dans le nord, on doit préférer les sols sablonneux profonds ; les sols argileux sont trop humides, la semence y pourrit souvent et les soins d'entretien nécessaires ne s'y effectuent que difficilement.

Les racines du maïs peuvent atteindre 90 centimètres.

75. Les besoins d'engrais du maïs ; fumures employées. — D'après M. Garola, une récolte de 40 hectolitres de maïs quarantain renferme :

	Grains, pailles, racines, etc.	Grains, pailles, etc., moins racines.
Matière sèche	6441 kg. 8	5851 kg.
Azote	68 kg. 0	63 kg. 9
Acide phosphorique	29 kg. 2	26 kg. 6
Chaux	28 kg. 7	25 kg. 8
Potasse	60 kg. 45	55 kg. 0

Le maïs doit trouver dans le sol à sa disposition, 82 kgr. 1 de potasse au moment de la floraison.

À égalité de rendement, le maïs à graine est moins exigeant que le blé.

D'après les recherches de M. Garola, pendant le premier mois de sa végétation, le maïs aurait un très grand besoin de tous les éléments. Il absorbe avec le plus d'avidité l'azote, puis la chaux et la potasse; l'acide phosphorique ne vient qu'en dernier lieu.

Depuis cette première époque jusqu'à la floraison, les besoins de potasse et de chaux s'accentuent et deviennent dominants; l'absorption de l'azote est sensiblement la même. Quant à l'acide phosphorique son absorption se ralentit tout en étant absorbé régulièrement. De la floraison à la maturité, il y a arrêt de l'absorption de la potasse, celle de la chaux et de l'azote diminue. L'acide phosphorique continue d'être absorbé régulièrement.

De cela il résulte donc, comme le dit le même savant, que le maïs a besoin surtout d'engrais azotés solubles, nitrate de soude, ou mieux, sulfate d'ammoniaque, s'il est semé dans un sol argilo-calcaire, assez riche en chaux et en potasse.

Une petite quantité de superphosphate favorisera le départ de la végétation.

Le fumier de ferme fournira, en général, suffisamment de potasse.

Le maïs ne craignant pas la verse et bénéficiant beaucoup des engrais qui lui sont donnés, on ne doit pas ménager les fumures. Le fumier de ferme doit être enfoui à l'automne et peut être employé à forte dose. On complète au printemps la fumure au fumier par des engrais complémentaires.

Chaque fois que le sol manque de l'élément calcaire, le chaulage ou le marnage a une action heureuse.

Dans une terre de fertilité moyenne, on peut mettre 200 à 300 kilogrammes de nitrate de soude et 300 à 400 kilogrammes de superphosphate. Dans les sols pauvres en potasse 150 kilogrammes de chlorure de potassium doivent être ajoutés.

CHAPITRE XXV

CULTURE PROPREMENT DITE DU MAIS

76. Préparation du sol. — On doit donner un labour profond à l'automne pour que les pluies d'hiver humectent bien le sol. Ce labour est très important dans le midi, la sécheresse étant en effet le principal obstacle à la culture du maïs: on l'évite, en partie par les labours profonds. La terre est ainsi désagrégée et se trouve ameublie au printemps. Le fumier est enfoui par un labour ordinaire ou mieux par le labour profond.

On peut compléter la préparation par des hersages et des roulages afin de rendre le sol très meuble, ce qui assure la réussite de l'ensemencement.

Dans les sols légers on supprime souvent le labour profond, alors, après la récolte de la céréale, on donne un labour de déchaumage et au printemps un ou deux labours complètent la préparation. Le fumier est enterré par le dernier labour.

77. Semences et semis. — Il faut apporter au choix de la semence un très grand soin. Au moment de la récolte, les épis les plus beaux, provenant de pieds n'ayant pas de rejets sont mis de côté: ces épis découverts de leurs spathes sont attachés deux à deux et on les suspend dans un endroit sec. Au printemps il suffit d'égrener ces épis pour avoir de bonnes semences ; il est bon de supprimer les deux extrémités qui fournissent des graines de moins bonne qualité. Les grains obtenus sont plongés dans l'eau et on élimine tous ceux qui surnagent.

On conseille même de les plonger dans une solution saturée de sel marin (35 o o environ): de cette façon tous les grains légers ou attaqués par la teigne sont éliminés. Les graines tombées au fond du cuvier, une fois retirées, doivent être lavées à l'eau pure, puis étendues pour les laisser se ressuyer avant de les employer pour semence.

Pour préserver ces semences de l'attaque des rongeurs et des oiseaux, qui en sont très friands, on les plonge souvent dans une solution de coloquinte ou d'hellébore blanc. Le sulfatage est également à recommander.

Le semis ne doit se faire que lorsque les gelées ne sont plus à craindre et, comme nous l'avons dit, lorsque la température a atteint au moins 10 degrés. La jeune plante étant très délicate, si le sol est trop humide, le grain pourrit.

L'époque du semis dépend aussi de la variété cultivée. Dans le midi les variétés tardives se sèment dès le mois d'avril:

quant aux très hâtives on ne les sème souvent qu'en juillet, après la récolte du froment. Dans le nord on sème en mai.

Actuellement les semis ne se font guère qu'en lignes espacées de 50 à 70 centimètres, suivant les variétés cultivées et cela à l'aide du plantoir ou du semoir.

Sur la ligne, les plantes doivent se trouver à une distance de 35 à 50 centimètres.

La quantité de semence employée par hectare varie suivant les variétés, on ne dépasse pas 60 à 70 litres. Cette semence doit être peu recouverte. on ne doit jamais excéder o m. o5 ; dans les terres fortes il ne faut pas dépasser o m. o3.

Il faut autant que possible que les lignes soient dirigées du nord au sud, ce qui assure l'égale répartition de la lumière et de la chaleur.

78. Soins culturaux. — Dès que le maïs est levé, on fait quelquefois passer la herse, mais le plus souvent on attend que les jeunes plants aient atteint 10 à 15 centimètres de hauteur et on donne un *binage* à la main près du plant: le travail est complété par le passage de la houe à cheval entre les lignes. Les pieds en excès sont alors supprimés et les vides seront comblés par les plants surabondants ou mieux en semant du maïs quarantain.

Lorsque les plants ont de 3o à 4o centimètres, on donne un second *binage* à la houe à cheval, que l'on complète à la main ; ce binage doit être plus profond que le premier. Ces binages favorisent beaucoup la formation du chevelu et des racines adventices. le maïs alors pousse avec vigueur.

Lorsque les tiges ont 5o à 6o centimètres, il convient de donner un **buttage**. Ce buttage consolide les plants et facilite l'émission des racines adventices autour des nœuds inférieurs.

Lorsqu'il se développe des rejets, il faut les supprimer, ils donnent des épis qui ne peuvent mûrir. Ces rejets constituent un très bon fourrage. On doit supprimer aussi les tiges qui n'ont pas d'épis. Cette suppression se fait lorsque la fécondation est terminée ou encore en faisant les binages.

Lorsque la houppe formée par les styles plumeux des fleurs femelles est devenue rouge, qu'elle se flétrit, c'est-à-dire après la fécondation, on écime. L'**écimage** consiste à supprimer les sommités des tiges au-dessus du nœud qui suit le dernier épi.

L'écimage n'est pas indispensable dans le midi ; on le pratique dans l'Est. il active la maturation. Les produits de cette opération sont très élevés et fournissent un bon fourrage vert.

Dans le midi on soumet les champs de maïs à l'**irrigation**. Cet arrosage doit être donné avec précaution, si on ne veut pas voir diminuer la fructification.

Fig. 90. — Champ de maïs après la floraison.

79. Récolte. — Lorsque les feuilles deviennent jaunes et cassantes, les styles noirs, les spathes blanches et les tiges

Fig. 91. — Champ de maïs après l'écimage.

jaunes, le maïs peut être récolté. L'époque de maturité varie naturellement suivant les variétés cultivées et le pays. C'est de juillet à octobre que se fait la récolte.

La cueillette est généralement faite par des femmes. Les épis sont détachés à la main et disposés en petits tas que l'on rentre à la ferme dans des voitures bâchées. Tous les soirs on dépouille de ses spathes la récolte de la journée. On compte que vingt-six femmes peuvent cueillir par jour la récolte d'un hectare. Les tiges sont enlevées plus tard.

En Amérique, pour la récolte du maïs on se sert d'instruments spéciaux à main ou mus par des chevaux.

Les épis, rentrés à la ferme, doivent être dépouillés, le jour même, de leurs spathes, sans quoi il y aurait échauffement de la masse et altération des grains.

Les épis dépouillés de leurs enveloppes sont étalés sur l'aire, exposés au soleil, ou bien sur le plancher d'un grenier; on doit les retourner fréquemment. En Bourgogne on termine la dessiccation au four.

Fig. 92. — Charbon du maïs.

Quelquefois, pour assurer la conservation, on laisse à chaque épi deux ou trois spathes que l'on replie, ce qui permet de réunir les épis deux à deux. Ils sont ensuite suspendus sous des hangars ou dans des séchoirs spéciaux.

Quand les épis sont bien secs on les égrène à la main en frottant deux épis l'un contre l'autre, ou sur une lame de fer; on opère quelquefois l'égrenage à l'aide du fléau. Enfin, on se sert aussi d'instruments dits égrenoirs.

80. Maladies. — Insectes. — Pendant sa végétation le maïs peut être atteint, dans les sols humides, par la *chlorose* et la *rouille*.

Le *charbon* (Ustilago maydis) est plus commun. Ce champignon peut attaquer les tiges et les épis. Il se forme une tumeur de grosseur variable remplie de spores noires. Les parties attaquées doivent être coupées et brûlées. L'*ergot* est très rare.

Le grain est quelquefois attaqué par le *verdet* (Sporisorium maydis). La farine du grain attaqué cause la *pellagre* aux personnes qui la consomment.

Comme insectes on redoute le *ver blanc*, la larve du *taupin* du maïs, la *courtilière*, qui s'attaquent aux racines; la *noctuelle* du maïs dont la larve détruit les ovaires; la *phalène forficule*, la *cochenille* et le *puceron* du maïs.

MILLET

CHAPITRE XXVI

NOTIONS PRÉLIMINAIRES

Le *millet* est une céréale préhistorique. Ses graines servaient à la nourriture des populations lacustres de la Suisse à l'époque de l'âge de pierre. Elles servent encore à cet usage dans certains pays.

Le millet occupe chaque année, en France, près de 30 000 hectares.

En 1906 on comptait 23 029 hectares qui ont produit 215 447 hectolitres ou 139 829 quintaux, soit 9 hectol. 35 par hectare du poids de 64 k. 90 l'hectolitre.

81. Caractères du millet. — Les millets cultivés (commun et à grappe) appartiennent au genre *Panicum*. Ils se caractérisent par des épillets composés d'un axe à glume bivalve portant deux fleurs, dont la supérieure seule est fertile.

82. Mode de végétation. — Semé dans de bonnes conditions, le millet lève généralement au bout de dix jours. La floraison a lieu soixante-dix jours environ après la levée, et du semis à la maturité il s'écoule 115 à 120 jours. C'est donc une plante à végétation très rapide: elle exige une température assez élevée.

D'après M. Garola il faut au millet (cultivé à l'ombre) :

Du semis à la levée	144° de température.
De la levée à la floraison	1205°
De la floraison à la maturité	760°
Total	2109°

Les millets sont des plantes de la région du maïs: ils supportent très bien les sécheresses. Au printemps ils craignent les gelées tardives, de même que les gelées hâtives de l'automne.

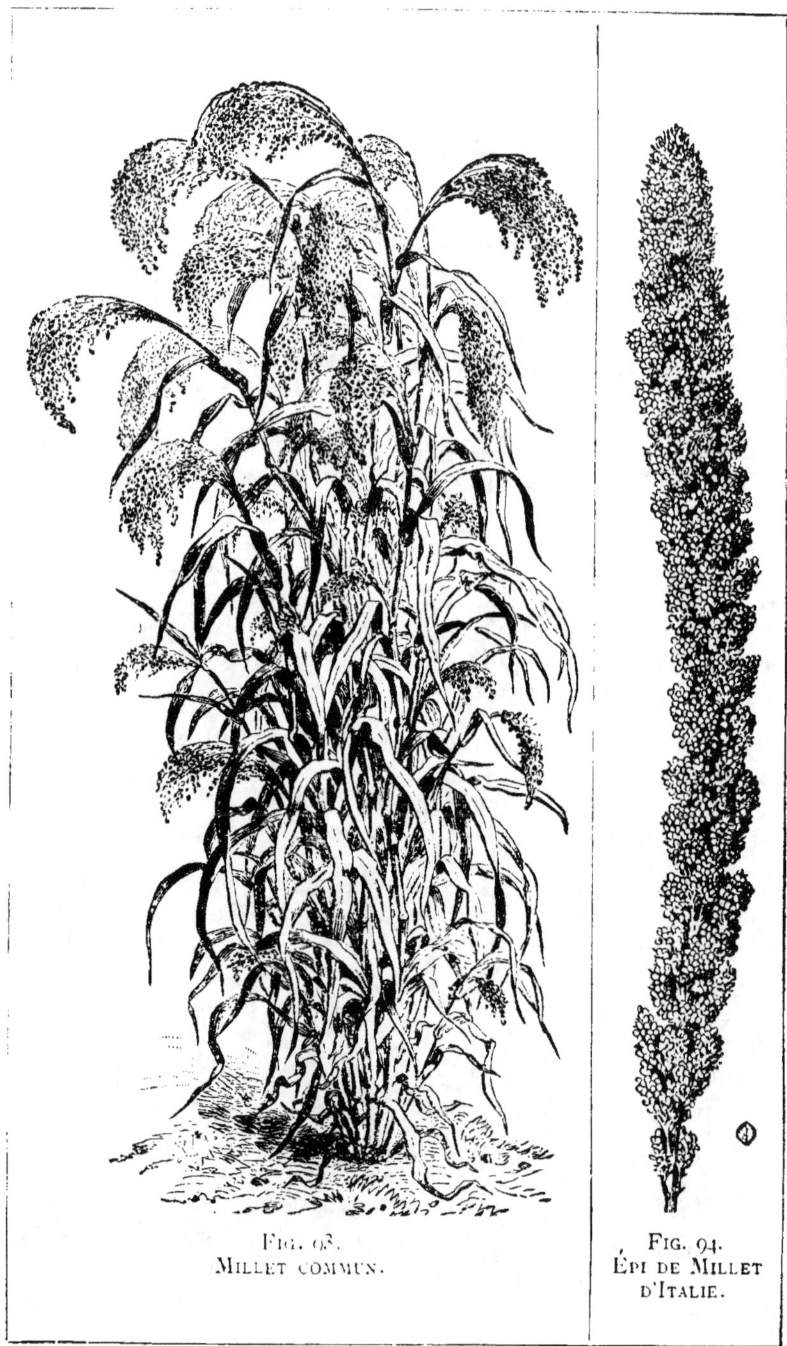

FIG. 93.
MILLET COMMUN.

FIG. 94.
ÉPI DE MILLET
D'ITALIE.

83. Variétés. — Il existe plusieurs espèces et un très grand nombre de variétés. Nous ne décrirons que celles qui sont cultivées en France.

1° *Millet commun* (fig. 93) (*Panicum miliaceum*). — Plante de 1 mètre à 1 m. 30 de hauteur; tiges ramifiées: feuilles ensiformes à gaines développées, recouvertes de poils mous; les fleurs sont disposées en panicules rameuses, lâches et penchées. Les pédicelles sont nus, les glumelles pointues; les grains arrondis et luisants à écorce peu épaisse.

Comme variétés on peut citer les *millets blancs ronds*, très cultivés; *jaune*, noir, rouge; ce dernier est très rustique et hâtif.

2° *Millet à grappe ou d'Italie* (fig. 94) (*Panicum italicum*). — Plante de 1 mètre à 1 m. 30 de hauteur. Tiges simples: feuilles très pointues, rudes, à graines pubescentes.

L'inflorescence est un épi composé, dont l'ensemble des épillets est compact, presque cylindrique. Grain plus aplati et plus petit, moins estimé.

Cette espèce est tardive, mais rustique et plus productive. Elle a fourni un grand nombre de variétés qui diffèrent par la couleur du fruit.

84. Composition du millet. — Le millet a la composition suivante :

Eau	14 kg. 0
Matières azotées	12 kg. 7
Graisse	3 kg. 3
Extractifs non azotés	57 kg. 5
Cellulose	9 kg. 5
Cendres	3 kg. 0
Total	100 kg. 0

Le millet à grappe pèse de 60 à 74 kilogrammes l'hectolitre. Pour le millet commun, dont les fruits sont plus gros, le poids de l'hectolitre varie de 64 à 70 kilogrammes.

D'après Burger, 100 kilogrammes de millet commun contiennent 61 k. 500 d'amandes et 38 k. 500 de son ou d'enveloppes.

Pour 100 kilogrammes de grain on a environ 200 de paille.

Le grain du millet, surtout celui du millet commun est employé à la nourriture de l'homme.

Décortiqué il sert à faire des bouillies et des gâteaux. La farine sert à faire des pâtes spéciales.

En France, le grain est surtout utilisé pour la nourriture des oiseaux d'agrément et de la volaille. Il constitue à ce point de vue un aliment concentré.

Les pailles sont utilisées dans l'alimentation du bétail.

Les **rendements** varient de 10 à 35 hectolitres.

CHAPITRE XXVII

PLACE DU MILLET DANS L'ASSOLEMENT
SOLS QUI CONVIENNENT AU MILLET

85. Place du millet dans l'assolement. — Le millet réussit très bien après une plante sarclée, étant exigeant sous le rapport de la propreté et de l'ameublissement du sol. Il réussit également très bien sur les défrichements de prairies. Dans les climats chauds, il peut succéder à une récolte hâtive. Enfin, il peut suivre un trèfle incarnat, ou des vesces d'hiver.

86. Sols qui conviennent au millet. — Les millets ne donnent de beaux produits que dans les terres légères, sablonneuses, calcaires ou granitiques. Il réussit moins bien dans les terres argileuses, compactes et humides.

87. Les besoins d'engrais du millet. — *Fumures employées.* — D'après M. Garola, une récolte de 25 quintaux pour constituer la matière sèche contenue dans les grains, pailles et racines, soit 6370 k. 80 ou 5918 k. 8, déduction faite de ce que contiennent les racines, demande les éléments nutritifs suivants :

	Grains, pailles, racines.	Grains, pailles.
Azote	65,7	61,7
Acide phosphorique	56,7	53,2
Chaux	31,2	29,2
Potasse	111,9	106,7

D'après le même auteur, l'absorption de ces éléments se fait avec rapidité jusqu'à la floraison. Pendant la première période, c'est pour l'azote que la plante a le plus d'avidité ; et cela jusqu'à la fin : puis la potasse, la chaux, et enfin en dernier lieu l'acide phosphorique. Ensuite la potasse prend le dessus.

L'acide phosphorique (200 k. de superphosph.) ; la chaux et la potasse seront nécessaires dans les terres pauvres en ces éléments. Le nitrate de soude donne de bons résultats (200 k.).

Les engrais destinés au millet doivent être très bien incorporés au sol, aussi fait-on succéder souvent cette céréale à une plante qui a reçu une forte fumure.

CHAPITRE XXVIII

CULTURE PROPREMENT DITE DU MILLET

88. Préparation du sol. — Le millet est une des plantes les *plus exigeantes* au point de vue de l'ameublissement du terrain. Aussi souvent donne-t-on jusqu'à trois et quatre labours aux terres qui lui sont réservées.

89. Semailles. — Au printemps, lorsque les gelées ne sont plus à craindre et que la température est suffisamment élevée (12 à 13°), en mai habituellement, sur un sol bien aplani par au moins deux hersages, on sème à la *volée* ou en *lignes*.

Le semis en lignes distantes de 35 à 50 centimètres, doit être fait de préférence. On l'exécute alors au rayonneur ou au semoir ; dans ce cas, il faut 12 à 15 litres de graines par hectare.

À la volée on met 15 à 20 litres par hectare, les graines sont alors enterrées par un léger *hersage*.

Il est bon d'exécuter les semis le matin ou le soir et non pendant la chaleur du jour.

Si la levée se fait rapidement et régulièrement, la réussite du millet est presque assurée, aussi doit-on chercher par tous les moyens à obtenir ce résultat. Si, après le semis, la terre se durcit à la suite de pluies, si la température n'est pas suffisamment élevée, la levée sera lente et irrégulière, la récolte est alors compromise.

90. Soins culturaux. — Le millet craint beaucoup l'envahissement des mauvaises herbes, principalement pendant le début de son développement, aussi, dès que les jeunes plantes ont 5 à 10 centimètres de hauteur, donne-t-on un premier binage ; on en donne un second lorsque le millet a 12 à 15 centimètres. En même temps que ce dernier binage on doit faire l'éclaircissage, de façon à laisser les plants à 15 centimètres environ les uns des autres.

Dans les semis à la volée, pour faire les binages, on se sert de petites houes étroites. Quelquefois ces binages sont remplacés par deux hersages ; ils détruisent un certain nombre de plants et produisent ainsi un éclaircissage.

Dans les semis en lignes, les binages se font à l'aide de la houe à cheval, seul, l'intervalle des plants est travaillé à la main.

Les façons culturales sont terminées par un buttage.

91. Récolte. — La récolte du millet se fait en plusieurs fois, la maturité se faisant très inégalement. A la maturité les tiges et les feuilles jaunissent, les glumelles prennent la coloration qui caractérise la variété. Le millet commun s'égrenant avec une grande facilité, il faut le cueillir lorsque les inflorescences sont encore verdâtres. Le millet d'Italie craint beaucoup moins l'égrenage.

La cueillette est généralement faite par des femmes qui se munissent de corbeilles ou de grands tabliers dans lesquels elles déposent les sommités mûres qu'elles ont coupées à l'aide de forts ciseaux. L'épi est séparé au-dessus du dernier nœud ou bien on coupe la tige par le milieu.

Les chaumes sont recueillis séparément.

Les épis qui doivent être livrés au commerce sont conservés sous des hangars ou dans des greniers. On doit leur laisser une portion de tige de 20 centimètres au moins.

Le transport ne se fait que dans des voitures bâchées.

Dans l'ouest, la récolte se pratique souvent en coupant toutes les tiges à leur base, à l'aide de la faucille. Avec les javelles provenant de la coupe on fait des gerbes que l'on dresse pour former de petites moyettes (de 4 à 5 gerbes), dites *chandeliers*. Les épis encore verts peuvent alors mûrir.

Le battage se fait à l'aide de petits fléaux. Les semences une fois passées au tarare doivent être étalées en couches minces sur un grenier sain et bien aéré. Des pelletages sont nécessaires pendant les premiers temps.

92. Maladies et accidents. — Pendant sa végétation le millet peut être atteint par le *charbon* et la *carie*, il est donc bon de sulfater les semences. Les oiseaux sont quelquefois très à craindre. Au moment de la maturité on est souvent obligé de placer dans les champs des épouvantails ou même de les faire garder.

MOISSON DES CÉRÉALES

On donne le nom de moisson à la récolte des céréales.

Le cultivateur ne devra rien négliger pour que sa récolte se fasse rapidement et cela d'autant plus vite que les orages seront plus à craindre.

Il se sera assuré du concours de moissonneurs suffisants et il choisira de préférence des ouvriers du pays. Les outils à employer auront été vérifiés et réparés s'il y a lieu. Si le liage doit se faire à la main, les liens devront être prêts.

Lorsque la maturité approchera, le cultivateur devra parcourir ses champs de façon à ne pas retarder la coupe.

93. Époque de la récolte. — Il convient d'effectuer la moisson lorsque les grains des céréales ont une consistance suffisante pour se laisser *couper avec l'ongle* : la cassure ne doit pas être laiteuse sans quoi les grains se détérioreraient infailliblement. Beaucoup de cultivateurs ont une tendance à attendre, pour faire la récolte, que les grains aient acquis une certaine dureté, mais cela n'a sa raison d'être que lorsque la céréale est spécialement cultivée pour semence.

En coupant la céréale lorsqu'elle n'est que demi-mûre, on évite une perte assez considérable, qu'occasionne l'égrenage, surtout pour certaines variétés. De plus, moissonné dans cet état, le grain a *plus de main*, il est plus coulant.

Comme l'a dit Mathieu de Dombasle, « l'époque la plus favorable est celle où la paille a presque complètement perdu sa teinte verdâtre et où les grains de la majeure partie des épis ne se laissent plus écraser en les pressant avec les doigts, mais où l'ongle s'imprime encore dans la substance du grain comme dans un morceau de cire. » Quoique la moisson se fasse actuellement très vite, grâce à l'emploi des lieuses, elle peut être retardée par les mauvais temps et il est prudent de la commencer le plus tôt possible.

Les grains coupés prématurément doivent être laissés en javelles ou mieux mis immédiatement en moyettes.

De ses dernières recherches, M. de Vilmorin conclut que les blés coupés un peu tôt gagnent en poids et en richesse à être mis en moyettes.

Tout ce que nous venons de dire s'applique au froment comme aux autres céréales.

La *maturité du froment* est variable selon le climat, l'exposition, la nature du terrain, le mode de semis. Dans le midi de la France, la récolte de cette céréale se fait fin juin, en juillet dans le centre et les environs de Paris ; dans les parties plus septentrionales, dans la première quinzaine d'août.

La moisson, bien entendu, devra commencer, pour les variétés de même époque de maturité, par celles qui sont les plus sujettes à s'égrener et les mieux exposées.

Le **seigle** demande, lui aussi, à être coupé prématurément, pour éviter des pertes sensibles par l'égrenage. C'est la céréale qui mûrit immédiatement après l'escourgeon d'hiver ; il se récolte depuis juin jusqu'en septembre, suivant l'altitude où on le cultive. Lors de la maturité les épis s'inclinent vers le sol.

L'**orge** est mûre lorsque les épis se courbent ; la coupe doit se faire un peu prématurément, c'est-à-dire avant que la paille blanchisse, les épis se cassant aisément. Pour les orges de brasserie on recommande de récolter à maturité complète.

L'escourgeon d'hiver est la céréale qui mûrit la première ; il se récolte généralement fin juin et premiers jours de juillet

Les orges destinées pour la brasserie doivent être engrangées très sèches : si les bottes sont humides, le grain prend très vite une odeur de moisi et perd beaucoup de sa valeur. Pour ces orges il faut qu'au battage l'ébarbage se fasse bien, et l'enveloppe doit rester intacte ; pour cela la barbe doit être cassée à un ou deux millimètres de la pointe du grain.

L'**avoine** est très sujette à s'égrener, aussi doit-elle être récoltée sans aucun retard. L'avoine d'hiver, de même que l'orge, se récolte généralement avant le blé. Quant à l'avoine de printemps, la coupe n'a habituellement lieu qu'après lui. Les avoines récoltées prématurément ont généralement l'écorce moins épaisse et l'amande plus développée.

Le **maïs** est mûr lorsque les spathes blanchissent et que la tige est jaunâtre, le grain résiste à l'ongle. La récolte a lieu en France en septembre-octobre.

Le **sarrasin** ne mûrit ses grains que successivement, il devra être récolté lorsque les tiges prennent une nuance rougeâtre et que la plupart des grains ont pris une teinte foncée. Le grain doit se laisser couper par l'ongle et offrir une cassure farineuse.

94. Coupe des céréales. — On coupe les céréales soit à l'aide d'instruments à main, soit à l'aide de machines. Quand on moissonne à la main, on emploie divers instruments : la *faucille*, la *faulx* et la *sape*.

La **faucille,** qui est formée d'une lame d'acier en forme de croissant fixée à une petite poignée de bois, est tantôt unie, tantôt dentée comme une scie.

Pour s'en servir, le faucilleur saisit les tiges avec la main gauche, puis engage sa faucille dans la moisson, tire à lui la lame de l'outil et tranche ainsi les tiges ; d'autres fois il porte, de la

FIG. 95.
FAUCILLE A LAME UNIE.

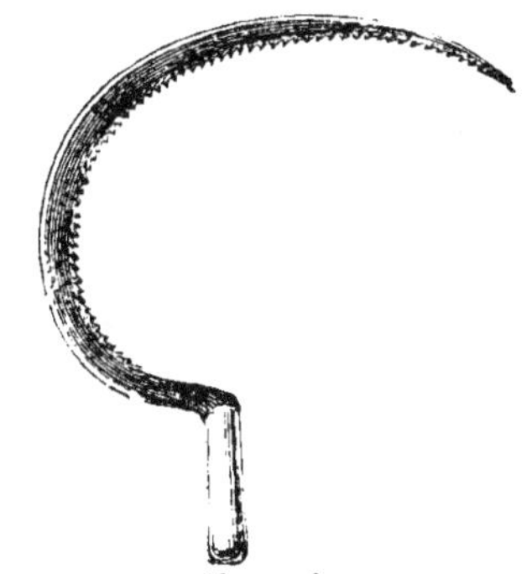

FIG. 96.
FAUCILLE A LAME DENTÉE.

main droite, un coup de faucille sur les tiges maintenues par la main gauche, pousse les tiges coupées sur celles qui ne le sont pas et donne un second coup de faucille : il continue jusqu'à ce qu'il ait coupé suffisamment de tiges pour former une javelle.

Le travail à la faucille est lent, puisqu'un faucilleur ne peut faire que 15 à 25 ares par jour, mais, lorsque les blés sont couchés, la faucille peut rendre des services.

La **sape** permet de faire le travail plus rapidement et ce travail est moins fatigant. Le sapage rend de grands services dans les années de verse.

La sape est une petite faulx montée sur un manche court ; elle est très employée par les moissonneurs flamands. La main gauche du sapeur est munie d'un bâton terminé par un crochet : ce crochet permet de rassembler et de maintenir les tiges ; avec la sape, il les tranche de la main droite.

Un bon ouvrier peut couper, avec cet instrument, de 30 à 40 ares par jour.

La **faulx** ne peut être maniée que par un homme fort. Les moissonneurs ne se servent, en général, que de la *faulx armée*.

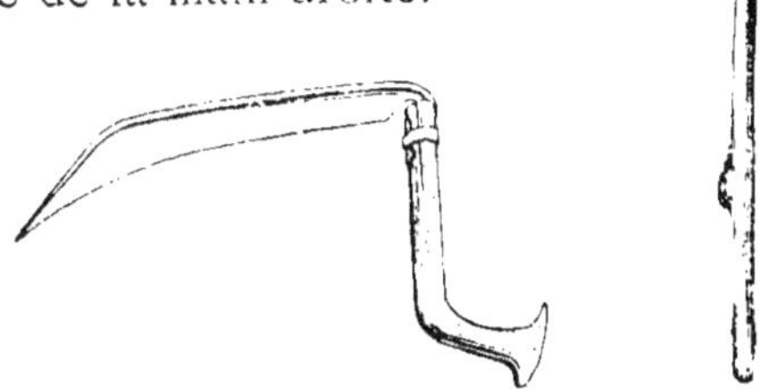

FIG. 97. — SAPE.

C'est une faulx ordinaire munie d'un râteau formé de plusieurs baguettes (3 à 5) montées sur une tige plate fixée sur le manche près du talon. Ce râteau permet de maintenir les tiges coupées.

Lorsque les céréales sont élevées, comme le seigle, le blé et quelquefois l'avoine, on fauche *en dedans*, pour cela la récolte est à gauche de l'ouvrier, les tiges sont tranchées de droite à gauche, et sont appuyées sur celles qui ne sont pas coupées. Un javeleur, muni d'une faucille, le suit et met les tiges détachées en javelles.

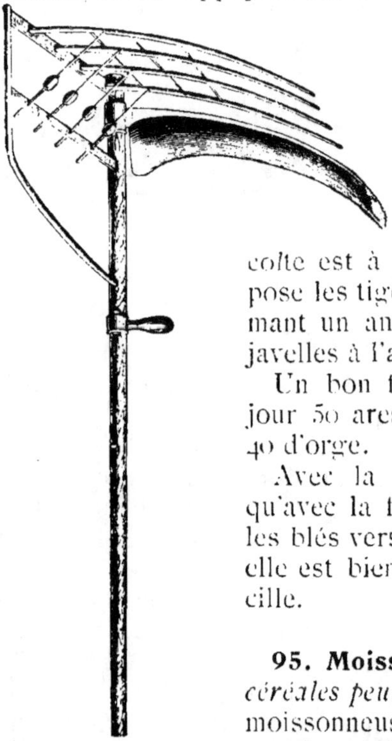

Lorsque les céréales sont peu hautes, comme c'est habituellement le cas pour les orges et les avoines, on fauche *en dehors*; pour cela, la récolte est à la droite de l'ouvrier et il dépose les tiges coupées à sa gauche en formant un andain qui plus tard est mis en javelles à l'aide d'un râteau en bois.

Un bon faucheur peut moissonner par jour 50 ares de blé, 60 ares d'avoine et 40 d'orge.

Avec la faulx on fait plus de travail qu'avec la faucille ou la sape, mais dans les blés versés la sape est plus à sa place, elle est bien plus économique que la faucille.

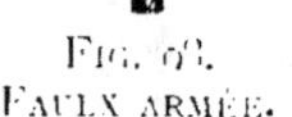

Fig. 62.
FAULX ARMÉE.

95. Moissonneuses. — *La récolte des céréales peut se faire à l'aide de machines* : moissonneuses et moissonneuses-lieuses. — L'emploi des machines s'est beaucoup développé ces dernières années, principalement celui des lieuses ; cela est dû surtout à la difficulté croissante de trouver assez de moissonneurs pour exécuter rapidement la moisson. On peut ajouter qu'avec les machines perfectionnées, qui sont maintenant mises à la disposition des cultivateurs, le travail est presque parfait, sauf, bien entendu, lorsque la récolte est versée, et encore on peut adjoindre aux machines des releveurs. Ces appareils qui sont peu coûteux ont donné de bons résultats : avec quelques petits perfectionnements, la coupe des céréales à l'aide de la lieuse pourra être exécutée malgré la verse.

On estime qu'une moissonneuse simple peut couper en moyenne 4 hectares et on peut estimer que la coupe d'un hectare revient ainsi à 10 francs ; en estimant pour le blé le liage à 8 francs par hectare on aurait au total 18 francs. On donne actuellement aux tâcherons. pour lever une récolte de blé. au minimum 35 francs par hectare : l'emploi de la moissonneuse simple donne donc une économie de 17 francs par hectare; pour l'orge et l'avoine. l'économie est beaucoup moins élevée.

Avec la *moissonneuse-lieuse* l'économie est encore plus grande. En estimant, comme pour la moissonneuse simple, que l'on coupe avec la lieuse 4 hectares par jour, on peut évaluer à 20 francs le prix de revient d'un hectare de blé : il y a donc une économie de 15 francs sur le travail fait à la main : il faut ajouter à ces 15 francs, la valeur des liens qui auraient été employés par le liage à la main. soit 7 à 8 francs : l'économie est donc de 22 à 23 francs.

L'emploi des machines procure donc une grande économie. mais il faut rappeler que, pour que la lieuse puisse donner de bons résultats. il faut que les sols où elle opère soient propres. C'est à quoi doit tendre le cultivateur.

96. Soins à donner aux céréales après la coupe. — Lorsque la coupe se fait avec des outils à mains ou à l'aide de la moissonneuse ordinaire. les tiges sont. pendant ou après la coupe, disposées en *javelles*. Par un beau temps il suffit de tourner les javelles après la rosée et quelques heures après elles sont généralement sèches. à moins que la céréale contienne beaucoup de mauvaises herbes. Si. au contraire, le temps est pluvieux, elles doivent être retournées très fréquemment et ne pas être abandonnées à elles-mêmes plus de deux jours. Après une forte averse il faut retourner les javelles car elles se trouvent tassées, les graines peuvent toucher le sol et germer.

Le *javelage* des céréales n'est pas recommandable principalement pour le blé et l'orge : le grain par le javelage augmente de volume mais il perd en poids : la paille se ternit et perd de sa valeur comme fourrage.

Le javelage peut être désastreux dans les années pluvieuses.

La coupe des céréales devant se faire six à huit jours avant complète maturité, il est indispensable de les placer dans les conditions voulues pour que la maturation se fasse normalement tout en les préservant des pluies.

On obtient ce résultat par la mise en moyettes.

Moyettes de javelles. — Les moyettes de javelles s'établissent selon deux types différents : la moyette flamande et la moyette picarde.

Pour faire la *moyette flamande*, à mesure que la récolte est coupée, deux ouvriers prennent chacun une javelle et à l'endroit où doit être établie la moyette ils appuient l'une contre l'autre,

par leurs épis. les deux javelles (fig. 99. 1. 1') en leur donnant
du pied : puis deux autres javelles (2. 2') sont placées perpendiculairement aux premières. Ces quatre javelles sont ainsi

disposées en croix : dans chacun des quatre vides laissés
on met une javelle (3, 3' et
4, 4').

Le bas des tiges doit être
suffisamment écarté pour donner de la solidité à la moyette
et pour faciliter la pénétration
de l'air ainsi que la dessiccation de l'herbe. Pour consoli-
der le tout à 25 centimètres
environ au-dessous des épis
on entoure ce cône d'un lien
de paille. puis on protège les

Fig. 99.
MOYETTE FLAMANDE.

épis. des pluies qui peuvent survenir, par un chapeau formé
d'une javelle liée assez près du pied dont on écarte les tiges
du côté des épis.

Pour la *moyette picarde*. on choisit un endroit du champ
un peu élevé. puis trois ou quatre javelles sont disposées de
façon à former un triangle ou un carré. On fait en sorte que
les épis de l'une s'appuient sur la base des tiges de l'autre
(fig. 100).

Les javelles sont ensuite disposées circulairement sur ce
triangle ou ce carré, de façon que les épis se trouvent au centre :
plusieurs couches de javelles sont ainsi disposées. en ayant
soin d'égaliser l'extrémité inférieure des tiges et de tenir bien
verticale sa surface extérieure. Lorsque la moyette atteint 65 ou
70 centimètres. on diminue graduellement le diamètre, alors
les épis se croisent, il suit de là que le centre s'élève plus vite
que la circonférence ; arrivée à 1 m. 20 environ, le centre forme

un cône qui ne doit pas être trop aigu, autrement les tiges glisseraient.

Le travail est terminé en recouvrant ce cône par un chapeau comme dans la moyette flamande.

La moyette picarde contient environ 40 javelles, elle peut résister très longtemps aux pluies ; cependant après les fortes averses il est prudent d'enlever le chapeau de façon que le vent puisse sécher le sommet de la moyette ainsi que le

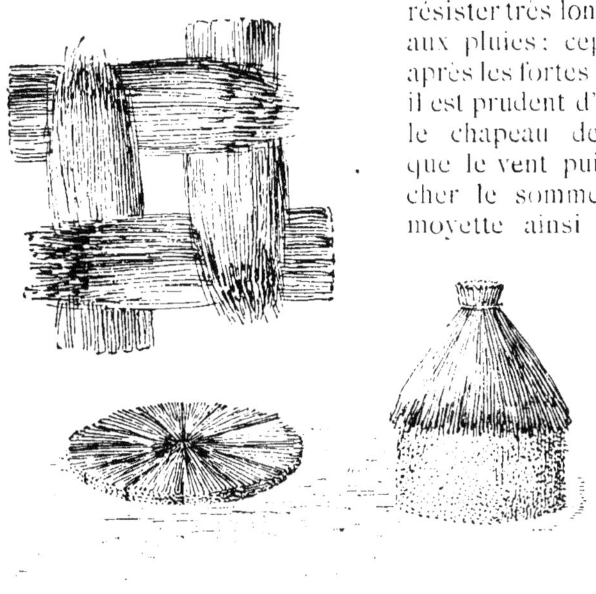

FIG. 100. — MOYETTE PICARDE.

chapeau qui a été placé à terre sur son pied. Avant la nuit la moyette doit recevoir son capuchon.

La *moyette flamande* est employée lorsque la céréale est garnie d'herbes, la dessiccation s'y faisant facilement.

Dans tous les autres cas, on préférera la *moyette picarde* qui est très résistante et moins pénétrable à la pluie. Elle contient quatre fois plus de javelles que la moyette flamande et un chapeau suffit pour toutes les préserver.

La mise en moyettes se fait aussitôt après la coupe. Si la pluie survient, la coupe doit être interrompue, elle est reprise une demi-heure à trois quarts d'heure après la cessation de cette pluie, car le vent ressuie très facilement les tiges restées debout.

Liage des javelles. — Le liage des javelles se fait habituellement avec des liens de paille de seigle, qui se font de différentes manières. C'est le lien à nœud le plus solide. Le lien tordu est souvent employé ; il en est de même du lien à boucle qui est le plus facile à faire. Un bon ouvrier peut faire 1200 liens par jour et il faut environ 15 kilogrammes de paille triée pour faire 100 liens.

Lorsque la paille de seigle fait défaut on se sert quelquefois, pour le liage, de liens faits avec la céréale elle-même, c'est un procédé très lent.

On utilise aussi les liens d'écorce de tilleul, de fibres de palmier, d'alpha, etc.

Le poids des gerbes liées à la main, avec ou sans l'aide de la cheville, varie de 5 à 15 kilo-grammes suivant les contrées. Pour que le chargement en soit facile, la gerbe ne doit pas dépasser 10 kilogrammes. Un bon ouvrier peut lier par jour 500 gerbes. S'il est accompagné d'une femme qui apporte les javelles sur les liens disposés par un enfant, il peut aller à 700.

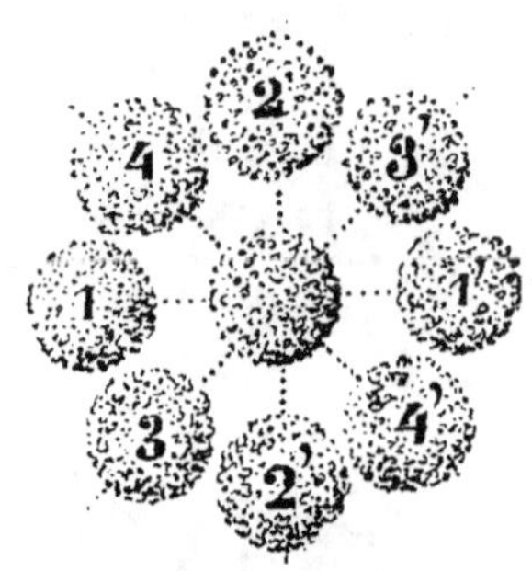

Fig. 101. — Dizeau circulaire.

Les moissonneuses-lieuses font des gerbes du poids de 4 à 6 kilogrammes.

Moyettes de gerbes. — Le liage des javelles mises en moyettes s'opère immédiatement avant le chargement. Mais lorsque les gerbes sont liées aussitôt après la coupe ou par la moissonneuse-lieuse, elles doivent être mises à l'abri des intempéries et dans de bonnes conditions pour permettre à la maturation de s'achever normalement. Il faut de plus que ces gerbes, mises en meule ou en grange, ne soient pas exposées à s'échauffer par fermentation.

On obtient ces résultats par la mise en *moyettes*.

Il existe différents systèmes de **moyettes de gerbes**. Un très recommandable est le *dizeau circulaire* (fig. 101), qui est d'une exécution très facile : une gerbe est dressée sur le sol, elle est entourée de huit autres disposées comme les javelles dans la moyette flamande. Les épis sont couverts avec une forte gerbe renversée qui forme chapeau ; d'autres fois, on se contente de mettre une gerbe ordinaire en éventail, les épis placés du côté du vent dominant, mais il est préférable d'employer le premier système.

Le dizeau circulaire se répand de plus en plus, il donne de très bons résultats avec les gerbes provenant des moissonneuses-lieuses.

Dans le centre on emploie beaucoup le *treizeau* (fig. 102) qui est également une bonne disposition. Il se construit en plaçant

Fig. 102. — Treizeau.

d'abord deux gerbes sur le sol, dans le prolongement l'une de l'autre ; les épis de l'une reposent sur ceux de l'autre, puis, perpendiculairement, sont placées deux autres gerbes, de sorte que leurs épis reposent sur ceux des deux gerbes précédentes ; trois assises sont ainsi construites et la moyette est recouverte par une treizième gerbe placée en éventail, les épis exposés du côté des vents dominants.

On peut aussi employer le procédé indiqué par M. Hitier (fig. 103) :

Quatre bottes sont placées en croix sur le sol, comme dans le treizeau, les épis au centre se recouvrant mutuellement, dans les intervalles de ces quatre premières gerbes, nous plaçons, dit-il, quatre autres gerbes, toujours les épis au centre ; puis en montant légèrement, au-dessus de ces huit premières gerbes, huit autres gerbes, et enfin toujours en les élevant et en rapprochant les épis au centre, huit autres gerbes ; on a ainsi un tas affectant la forme d'un cône, d'un pain de sucre, qu'on recouvre à l'aide d'une dernière botte, la vingt-cinquième qui est. en général. un peu plus grosse que les précédentes.

Ce procédé donne de très bons résultats.

97. Rentrée des céréales. — Lorsque les moyettes sont

suffisamment sèches, il faut mettre les gerbes le plus tôt possible à l'abri, sous des hangars ou dans des granges, ou bien on en forme des meules.

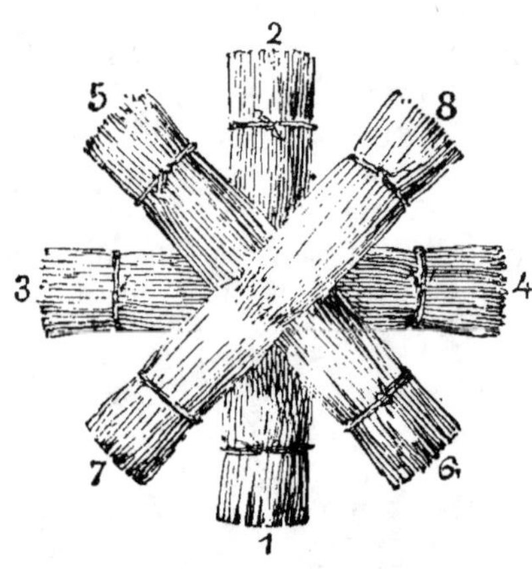

FIG. 103
PREMIÈRE ASSISE D'UNE MOYETTE
DE 25 GERBES.

La rentrée des céréales comprend : le chargement, le transport et le déchargement avec l'entassage. Ces travaux doivent toujours être menés rapidement; il est bon qu'il y ait toujours une voiture en déchargement. une voiture à la décharge et des voitures en nombre variable suivant la distance à parcourir entre le champ et la meule ou la grange.

Après la moisson il ne reste généralement que très peu d'épis sur le sol. mais si le travail a été fait sans soin ou si la récolte présente certaines difficultés on peut, pour éviter une perte sensible. passer le *râteau* à cheval.

Actuellement, on tend de plus en plus à battre les céréales aussitôt après la récolte : aussi le plus souvent on transporte les gerbes près de la ferme où doit avoir lieu le battage.

Les gerbes sont alors entassées en meules.

Lorsque les céréales doivent être conservées pendant plusieurs mois avant le battage elles peuvent être mises sous des *hangars* ou en *granges* : ces derniers donnent une grande sécurité pour la rentrée des gerbes lorsque la saison est pluvieuse.

En général, les bâtiments ne sont pas suffisants pour les loger. La culture des céréales a bien fait de grands progrès mais les constructions n'ont guère été augmentées. Aussi dans les pays à céréales on est obligé de recourir à la confection des *meules*.

Construction des meules. — Il existe deux sortes de meules, les meules *rondes* et les meules *rectangulaires*.

Lorsque les céréales doivent rester en meules pendant un

certain temps avant le battage, il est bon d'établir les meules
sur un soustrait formé de fagots ou de bottes de paille, afin
que les gerbes ne soient pas en contact avec la terre.

Meules rondes. — Pour la confection de ces meules, une fois
la base délimitée, on dresse au centre une ou deux gerbes, les
autres sont posées tout autour en les serrant les unes contre les

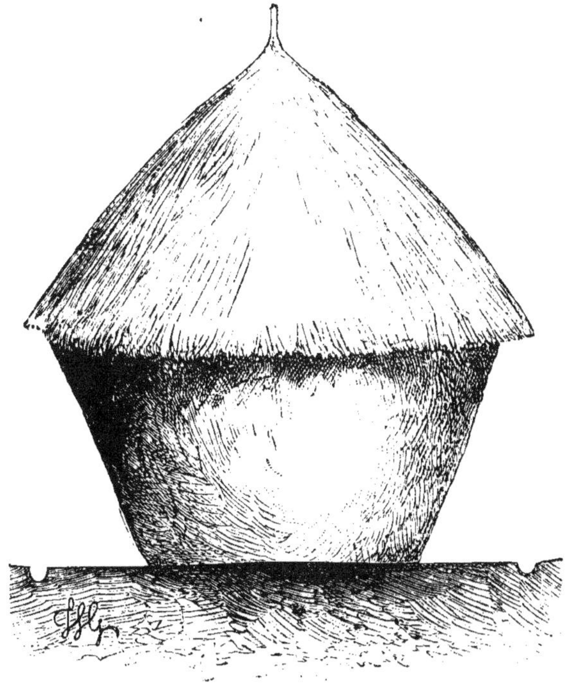

Fig. 164. — Meule ronde.

autres. Le second lit ainsi que les autres sont commencés par
la circonférence, le premier rang de chaque lit a le pied en
dehors; le second est placé tête-bêche avec le premier; les
autres rangs ont leurs gerbes disposées dans la même direction que celles du deuxième, de façon que les épis arrivent au
lien des gerbes du rang précédent.

Au fur et à mesure que la meule s'élève, on doit l'élargir et
cela jusqu'à une hauteur de 2 ou 3 mètres, ensuite on rétrécit
le diamètre des lits. Pour terminer la meule on place sur l'axe
plusieurs gerbes debout et quelquefois des bottes de paille.

La meule, une fois terminée, est abandonnée à elle-même
pendant quelques jours pour qu'elle se tasse; puis, si on ne

doit procéder au battage que longtemps après sa construction, on la revêt d'une couverture de paille de seigle ou de blé, fixée par des piquets.

Comme dimension, on admet que le rayon de la meule doit avoir autant de mètres que celle-ci renferme de mille gerbes, la gerbe pesant 10 kilogrammes. Si la meule est de 3 000 gerbes, le rayon sera de 3 mètres et le diamètre de 6 mètres.

Meules rectangulaires. — Les meules rectangulaires sont de plus en plus employées, on les construit de différentes façons.

Voici comment nous procédons à l'École d'agriculture de Gennetines :

Après avoir délimité la base, deux ou trois gerbes sont dressées au centre, quelquefois elles sont remplacées par une botte de paille. Ces gerbes supportent de chaque côté, et suivant la longueur de la meule que l'on veut faire, un rang de gerbes dont les deux premières ont leurs épis appuyés sur celles qui sont debout; les suivantes sont disposées de la même façon sur celles qui les précèdent. Perpendiculairement à ce premier rang

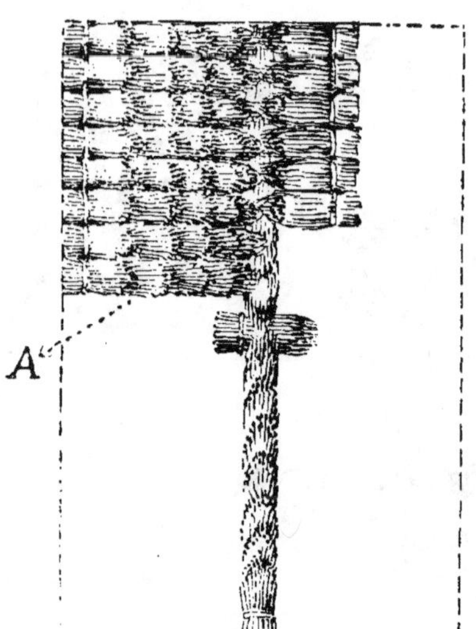
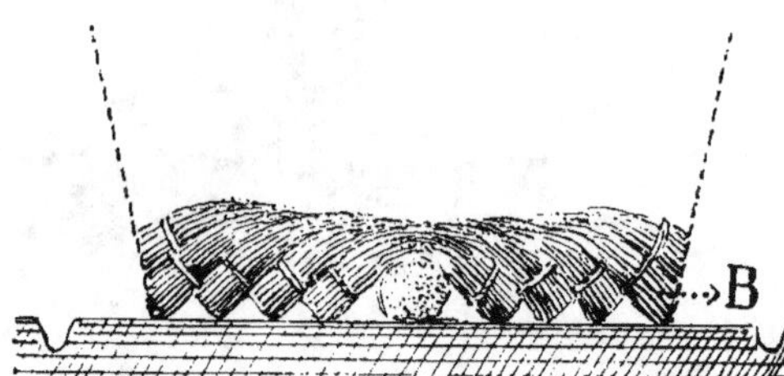

Fig. 105. — Construction de la première assise d'une meule rectangulaire.

(*Plan et coupe*).

est alors placée, et cela de chaque côté, une rangée de gerbes serrées, dont les épis s'appuient dessus : les autres rangs sont disposés de façon que les épis arrivent un peu au-dessus du lien de celles du rang précédent (fig. 105, A); elles sont presque verticales.

Les deux rangs qui forment l'extérieur des deux grands côtés doivent être doubles (fig. 105, B).

Pour faire la seconde assise, le meilleur se porte vers un des

petits côtés du rectangle que forme la première assise, puis il
dispose un rang de gerbes perpendiculaire à ceux de la première
assise ; les pieds des gerbes de ce premier rang doivent être
en dehors.

La seconde rangée de gerbes est posée tête-bêche avec les
gerbes du premier rang (fig. 106, comme en C), de façon

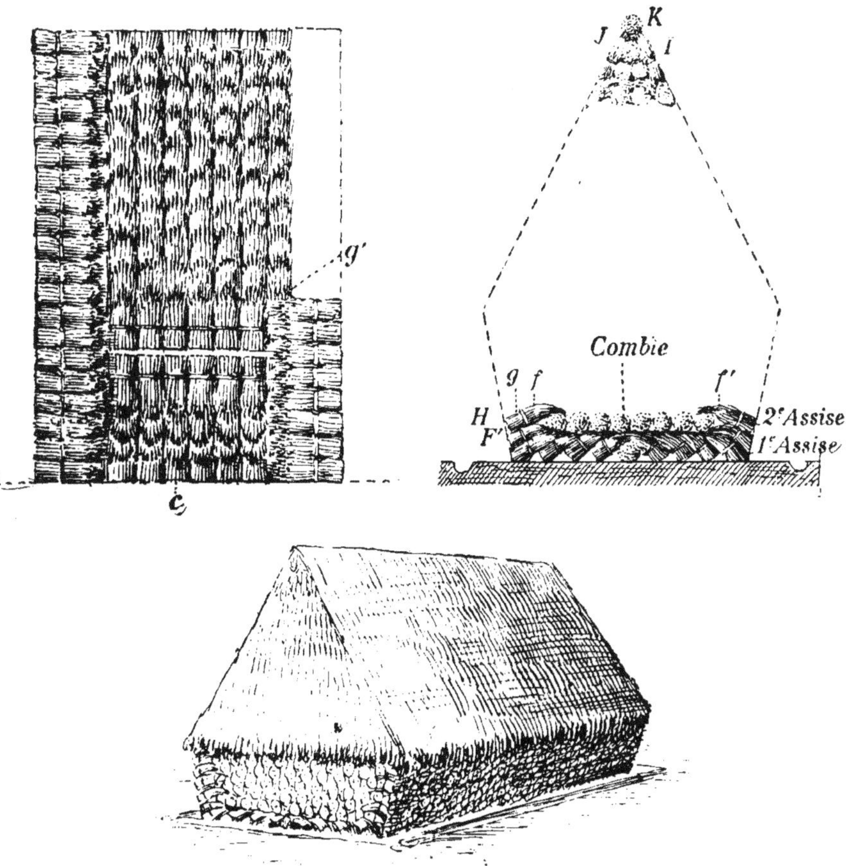

FIG. 106. — CONSTRUCTION D'UNE MEULE RECTANGULAIRE.

(Deuxième assise. — Plan).

(F' et H, Première et deuxième assise. — Coupe). — (K, Sommet de la meule).

que les épis arrivent aux liens des gerbes du premier rang.
Quant aux autres rangs, qui ont leurs gerbes disposées dans la
même direction que celles de la deuxième rangée, leurs épis
doivent arriver vers le lien des gerbes du rang qui les précède.

Lorsque le mailleur est parvenu environ aux trois-quarts de la longueur de la meule, il se porte à l'autre extrémité et refait ce qu'il a déjà fait au premier petit côté, pour terminer où il s'était arrêté précédemment (fig. 106).

La partie de l'assise ainsi établie (comme d'ailleurs pour toutes les autres assises qui suivront) porte généralement le nom de *comble*. Les gerbes formant le comble ne doivent pas dépasser, sur les deux grands côtés, les épis du dernier rang de l'assise précédente, mais seulement les recouvrir (fig. 106 *f, f'*).

Sur ces deux grands côtés et perpendiculairement aux gerbes du comble, l'assise est terminée par un rang de gerbes : les pieds de ces dernières se trouvent, par conséquent, en dehors (fig. 106 *g, g'.*)

Toutes les autres assises s'établissent comme celles que nous venons de décrire (2ᵉ assise). Elles doivent être commencées tantôt à une extrémité tantôt à une autre. Si on ne prenait pas cette précaution, la meule pourrait se partager à l'endroit où on termine les combles.

Au fur et à mesure que la meule s'élève on l'élargit sur les grands côtés en faisant dépasser légèrement les rangs extérieurs sur les précédents (fig. 106 H). Cet élargissement se pratique jusqu'à une hauteur de 2 à 3 mètres, puis ensuite on rétrécit successivement la largeur des assises de façon à former un toit à forte pente.

Pour terminer la meule, le comble de la dernière assise, qui est peu large, se fait en mettant les gerbes horizontalement : d'abord deux gerbes, puis une (fig. 106 I). De chaque côté de ce comble, les gerbes formant les deux rangs doivent être presque verticales : leurs épis se rejoignent (fig. 106 J). Sur ces épis on met généralement un rang de gerbes à plat (fig. 106 K), de façon que les épis d'une gerbe soient recouverts par le pied suivant. Ces gerbes sont consolidées par de petits piquets en bois.

Il est bon de faire le déchargement des voitures à l'extrémité de la meule où la batteuse doit être placée.

Une meule pouvant contenir 3 000 gerbes de 10 kilogrammes a, en moyenne, les dimensions suivantes :

Largeur de la meule au niveau du sol, 4 mètres ; largeur de la meule à 2 m. 50 de hauteur, 5 m. 50 ; hauteur totale de la meule, 7 m. 50 ; longueur de la meule, 12 mètres.

Un mètre cube de blé en gerbes pèse environ 100 kilogrammes. L'orge et l'avoine sont un peu plus lourdes.

Meules de paille. — Au battage, les meules qui sont faites avec la paille qui en provient sont moins compliquées. Ce que l'on recherche surtout c'est d'éviter que l'eau pénètre dans la meule.

Pour les meules rectangulaires la première assise est faite comme la première des meules de gerbes à grains : les autres sont également faites de la même façon, mais le rang du milieu de la meule est reporté vers un des bords, en laissant la lar-

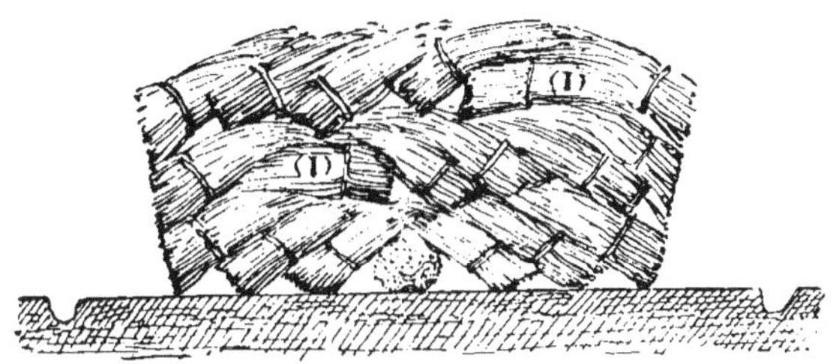

Fig. 107. — Construction d'une meule de paille.

Un des petits côtés. — Les trois premières assises. — t.t. Première cotte de paille à placer dans chaque assise.

geur d'un rang de bottes de paille. C'est par ce rang que l'on termine l'assise (fig. 107).

Les grands côtés des meules rectangulaires doivent être placés dans la direction nord-sud.

Un mètre cube de paille de froment ou de seigle en meule pèse environ 60 kilogrammes. Pour l'orge et l'avoine, environ 45 kilogrammes.

98. Battage. — Le battage des céréales consiste à séparer le grain des épis. On a recours pour cela à plusieurs procédés : le *battage au fléau*; le *dépiquage* et le *battage à la machine*.

Le **battage au fléau** et le dépiquage tendent de plus en plus à disparaître.

Le fléau n'est guère employé que dans les petites exploitations; un bon batteur peut battre par jour : 1 hectolitre et demi de blé ou 3 hectolitres d'orge, ou 4 hectolitres d'avoine. Il reste environ dans les épis 7 pour 100 de grains.

Le **dépiquage** consiste à faire détacher le grain des épis par le piétinement des animaux, ou encore par de lourds rouleaux en forme de tronc de cône. Ce procédé de battage était utilisé dans le midi. Pour dépiquer 10 hectolitres de blé, il faut deux journées de cheval et une journée un quart d'homme.

Il reste environ 7 pour 100 de grains dans les épis.

Ces deux procédés sont de plus en plus remplacés par le battage à la machine.

Battage à la machine. — Les batteuses se divisent en batteuses en boat ou en batteuses en travers. Une batteuse en travers à grand travail mue par une locomobile de la force de 7 à 8 chevaux, peut battre par jour 100 à 200 hectolitres. Ces batteuses fournissent un grain prêt à aller au marché. Toutes les céréales peuvent être égrenées par ces machines sauf le *maïs*.

99. Nettoyage des céréales. — Certaines machines ne séparent pas les balles du grain et souvent les batteuses ordinaires ne donnent pas un grain assez propre pour être mené au marché; il est donc nécessaire dans la plupart des cas de lui faire subir une épuration pour le débarrasser des poussières, balles, mottes de terre, pierres, etc., qu'il peut contenir; on obtient ce résultat en le passant dans les *tarares*.

Lorsque le grain a passé au tarare, il renferme toujours un peu de mauvaises graines, des grains petits, cassés, vidés, etc. Or, le grain destiné aux semailles doit être, nous l'avons dit, aussi pur que possible et ne renfermer ni mauvaises graines, ni grains incapable de germer.

On obtiendra une semence de choix en passant le grain au *trieur à alvéoles*.

100. Conservation des grains. — Les grains, une fois battus, ne doivent pas séjourner dans des sacs, on doit les transporter immédiatement dans un grenier et en former des couches plus ou moins épaisses selon leur état de dessiccation.

À la récolte le grain de blé renferme de 15 à 17 pour 100 d'eau. Pour que sa conservation soit assurée il faut qu'il n'en contienne pas plus que 12 à 14 pour 100: il doit perdre ce qu'il a en trop par transpiration et par évaporation.

On estime que pendant les trois mois qui suivent la récolte, le grain en tas laisse échapper, sous forme de vapeur, les trois millièmes de son poids.

Il faut donc que l'eau s'échappe facilement et rapidement, sinon le blé en s'imprégnant d'humidité deviendrait terne, contracterait une mauvaise odeur, ne glisserait pas dans la main; il aurait perdu de ses qualités.

On conserve au grain sa valeur par le pelletage.

Lorsque le grain est encore humide les couches doivent être peu épaisses et on doit le remuer complètement à la pelle, au moins deux fois par semaine pendant les premiers temps, puis une fois, et ensuite à de plus longs intervalles de deux ou trois mois.

En général, les couches ne doivent pas dépasser 50 centimètres d'épaisseur.

Cependant la hauteur du tas peut être portée à 0 m. 70 au bout de quelques mois.

La conservation des grains ainsi que leur dessiccation seront aidées également par une grande propreté du grenier et sa bonne aération.

Avant de transporter le grain dans le grenier, il faut que ce dernier ait été nettoyé très sérieusement.

Le grenier doit avoir un certain nombre d'ouvertures qui doivent être pratiquées au nord et au sud.

Elles seront munies chacune d'une toile métallique et d'un volet. Ces ouvertures permettront d'aérer le local.

L'agriculteur n'a aucun intérêt à garder longtemps le grain dans ses greniers, ce qui l'oblige à des manipulations coûteuses. Il a de plus du déchet qui est occasionné par les souris, les insectes et par la fermentation lente.

101. Les ennemis des grains emmagasinés. — Les grains dans les greniers peuvent être détruits par différents ennemis :

Les **rats** et les **souris** sont des ravageurs importants, leur destruction est possible en habituant les chats à habiter les greniers. On peut également employer des pièges et des poisons. Dans la construction des greniers il est important de ne pas établir les planchers sur solives avec plafond latté en dessous de celles-ci, car il y a ainsi des retraites pour les rongeurs. On doit donc faire sous les planchers des plafonds pleins ; on peut aussi y couler une couche d'asphalte.

Les rats et les souris ne sont pas les plus dangereux ennemis des grains : les *insectes* sont bien plus à redouter et cela d'autant plus que la masse des grains est plus grande et que le climat est plus chaud.

Les insectes à craindre dans les greniers sont : le charançon, l'alucite, la teigne et la cadelle.

Le **charançon** ou **calandre des céréales** (*Calandra granaria*) est un petit coléoptère brun, caractérisé par un rostre très long.

Les charançons adultes se montrent en avril et mai ; les femelles pondent leur œuf dans un trou qu'elles pratiquent dans le sillon du grain de blé. La larve qui provient de cet œuf ronge l'albumen, se métamorphose, perce l'enveloppe et s'échappe. Dans une année un couple peut produire 6000 individus.

À l'entrée de l'hiver, les charançons quittent les tas de blé et vont se réfugier dans les fissures du plancher et les trous des murs.

Pour éviter l'invasion, il faut tenir les greniers très propres, ne pas laisser de grains après la vente. Si le grenier est envahi on peut employer plusieurs procédés.

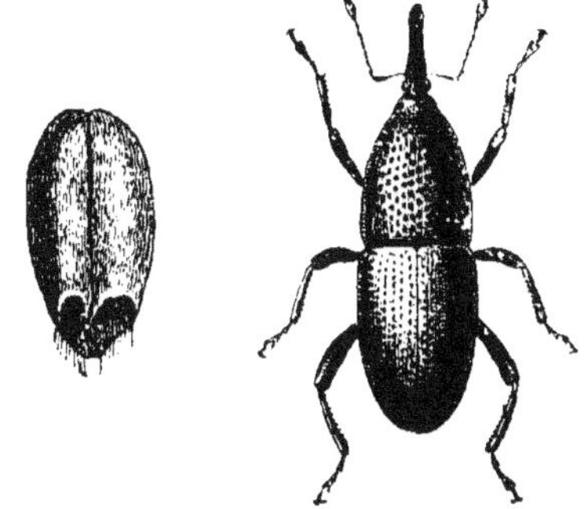

Il y a le pelletage ; le chauffage du grain à 60 degrés dans une étuve ; l'emploi du sulfure de carbone a raison de 30 à 40 grammes par hectolitre. Pour le traitement par le sulfure de carbone, le grain est placé dans des tonneaux que l'on remplit au 9 dixièmes, le sulfure est vidé sur de la ouate placée dans une petite boîte d'osier que l'on enfonce dans le grain jusque vers le milieu du tonneau, puis on refonce immédiatement. Les tonneaux sont alors roulés plusieurs fois sur eux-mêmes et ouverts 24 heures après. Le grain est épandu ensuite sur l'aire de la grange.

Le grenier vide, on brosse, murs, portes et planchers, les poussières et débris seront brûlés. On pourra ensuite échauder les parties suspectes avec

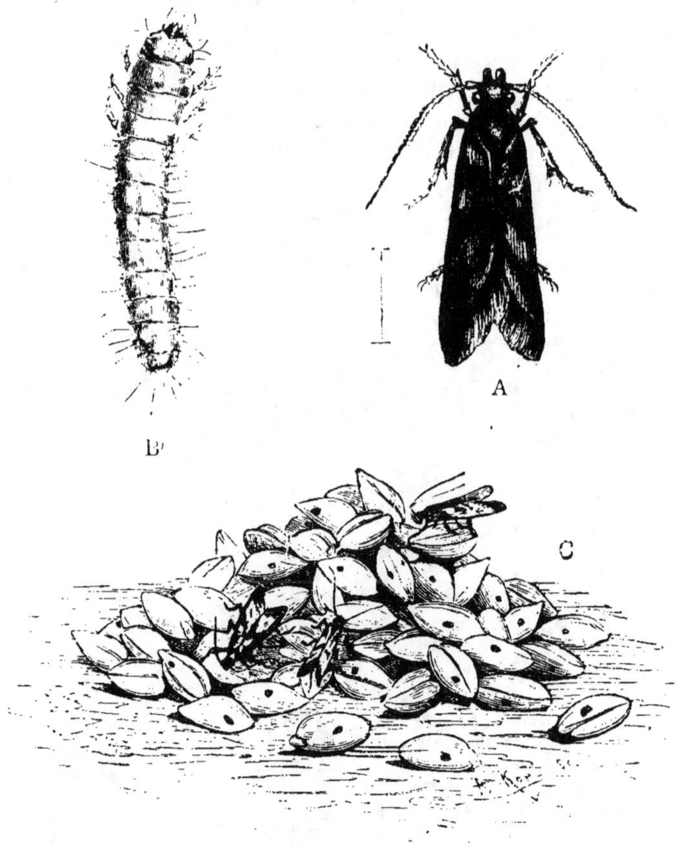

FIG. 109. — ALUCITE.

A, Insecte; B, larve; C, grains attaqués.

de l'eau bouillante puis on passera sur les poutres, etc., une couche de carbonile ou de goudron et sur les murs un lait de chaux additionné de 5 pour 100 de pétrole.

Dans le grenier vide, on pourra brûler du soufre additionné de salpêtre. On indique pour 100 mètres cubes : 3 kilos de soufre et 200 grammes de salpêtre. L'acide sulfureux devra agir pendant 48 heures.

Les plantes a odeur pénétrante, la fleur de houblon, de sureau, la rue, la lavande, le chanvre, etc., qui ont été proposés sont insuffisants.

Cependant M. Carré, professeur départemental d'agriculture, conseille d'employer le procédé suivant qui aurait donné d'excellents résultats :

Le blé est réuni au centre du local en pile élevée et on pulvérise ensuite les murs, le plancher, les portes avec une *décoction d'ail*.

Cette décoction est préparée en prenant une trentaine de têtes d'ail rouge dont les caïeux défaits sont écrasés dans un chaudron, puis dix à quinze litres d'eau bouillante sont versés dessus. Dix minutes après, le liquide est passé à travers un tamis pour permettre de l'employer à l'aide d'un pulvérisateur.

Avec 10 litres on peut couvrir une grande surface, car il est inutile d'inonder.

Ensuite, dit M. Carré, sans laisser sécher, on étend le blé comme il était auparavant pour nettoyer et pulvériser la place qu'il occupait et on se sert pour cette manipulation de pelles frottées vigoureusement avec une gousse d'ail toutes les trois ou quatre minutes.

Le lendemain on retourne sur place par petites pelletées en frottant encore les pelles de la même façon.

L'odeur alliacée très forte qui se dégage du blé disparaît au bout de quelque temps.

L'**alucite** (*Alucita cerealella*) est un lépidoptère crépusculaire de 6 à 7 millimètres de long, de couleur gris argenté clair. Ce petit papillon porte à l'état

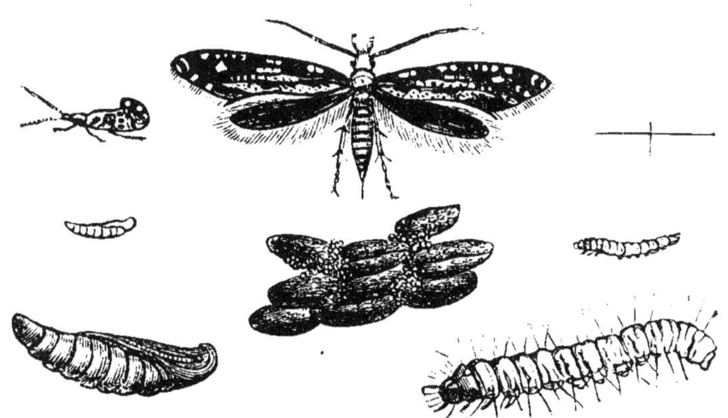

FIG. 110. — TEIGNE DES GRAINS.

*Insecte, chrysalide, chenille de grandeur naturelle et grossis;
grains attaqués.*

de repos ses ailes disposées presque à plat sur le dos. L'insecte parfait se montre quelque temps avant la moisson, la femelle pond ses œufs sur les grains des épis de blé ou d'orge. La larve qui sort de l'œuf est jaune, elle pénètre dans le grain et ronge la farine qu'elle remplace par ses excréments, puis elle se change en nymphe et dix jours après le papillon sort.

Il y a par an deux générations. La femelle pond chaque fois 70 à 80 œufs et ne dépose qu'un œuf par grain.

Les battages à la machine ont amené la destruction presque complète de l'alucite. On la détruit aussi en employant les tue-teigne.

Le grain est alors soumis à des chocs violents et tous les insectes sont détruits.

On peut enfin employer le sulfure de carbone et désinfecter les greniers par l'acide sulfureux.

La **teigne des grains** (*Tinea granella*) est également un lépidoptère nocturne. Ce papillon est plus foncé que l'alucite, au repos il a ses ailes disposées en forme de toit. Cet insecte se montre en juillet et pond sur les tas de blé, dans les greniers. La chenille réunit les grains au moyen de filaments de soie. Quand les larves sont nombreuses, le tas semble être feutré. La chenille, lorsqu'elle a atteint son complet développement, a un corps blanc, une tête marron et des mandibules noires ; pour se métamorphoser en chrysalide elle gagne les murs du grenier et le papillon n'apparaît qu'en juin ou juillet.

Pour la destruction de la fausse teigne on emploie les mêmes moyens que pour l'alucite.

Enfin le blé, dans le midi, peut être atteint par le trogossite mauritanique qu'on appelle aussi **cadelle**. C'est un coléoptère dont le dessus du corps est noirâtre et le dessous brunâtre. La larve ronge le grain intérieurement. On la détruit en passant le blé au tarare. L'insecte parfait n'attaque pas le grain.

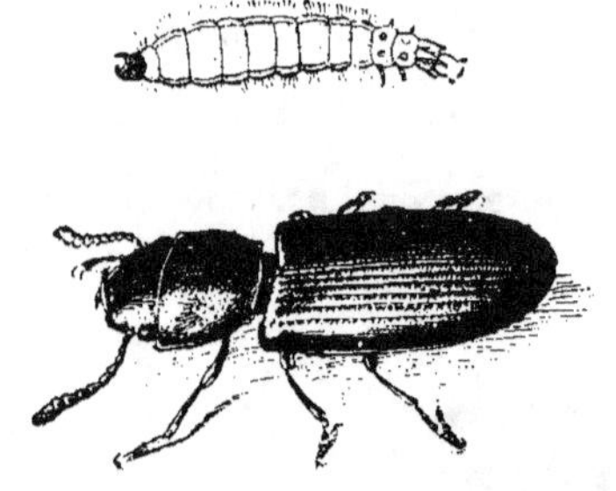

FIG. 111.
CADELLE OU TROGOSSITE.

Souvent les grains mis dans les greniers s'altèrent et prennent une odeur de *moisi* ; cela se rencontre principalement lorsqu'ils ont été emmagasinés par des temps humides.

Cette odeur de moisi serait due, d'après M. Brocq-Rousseu, à un champignon microscopique qu'il désigne sous le nom Streptothrix Dassonvillei. Ce champignon se montre sur les grains sous la forme de plaques blanches devenant d'un gris blanchâtre, ayant l'aspect d'une fine poussière.

Ce parasite peut être tué à une température de 50° environ.

Pour sa destruction on se sert d'un appareil spécial qui se compose, d'après M. Gaston Bonnier, d'un cylindre divisé par des cloisons en tôle perforée, et pouvant tourner autour de son axe. C'est dans ce cylindre que sont introduits les grains à traiter et qui se trouvent ainsi brassés continuellement. Un ventilateur envoie, à travers un calorifère, de l'air qui s'échauffe et pénètre ensuite dans l'appareil avec une vitesse supérieure à 10 mètres par seconde. Par ce traitement, les grains sont débarrassés de l'odeur de moisi, de leur excès d'humidité et aussi de tous les micro-organismes **ou moisissures** qui pouvaient s'y trouver.

Le prix du traitement ne dépasserait par 0 fr. 15 à 0 fr. 20 par quintal.

Ce même appareil en détruisant le streptothrix détruit également les charançons qui peuvent se trouver dans le grain.

TABLE ALPHABÉTIQUE

TABLE DES MATIÈRES

LE BLÉ

CHAPITRE I

Notions préliminaires.

CHAPITRE II

Les différentes variétés de blé.

CHAPITRE III

Composition du blé.

CHAPITRE IV

Place du blé dans l'assolement. — Sols qui conviennent au blé.

CHAPITRE V

Le besoin d'engrais du blé. — Fumures employées.

CHAPITRE VI

Culture proprement dite du blé.

CHAPITRE VII

Accidents et maladies du blé.

LE SEIGLE

CHAPITRE VIII

Notions préliminaires.

CHAPITRE IX

Culture proprement dite du seigle.

LE MÉTEIL

L'AVOINE

CHAPITRE X

Notions préliminaires.

CHAPITRE XI

Les différentes variétés d'avoines.

CHAPITRE XII

Composition de l'avoine. — Rendement.

CHAPITRE XIII

Place de l'avoine dans l'assolement. — Sols qui conviennent à l'avoine. — Les besoins d'engrais de l'avoine.

CHAPITRE XIV

Culture proprement dite de l'avoine.

ORGE

CHAPITRE XV

Notions préliminaires.

CHAPITRE XVI

Les différentes variétés d'orge.

CHAPITRE XVII

Composition de l'orge. — Rendement.

CHAPITRE XVIII

Place de l'orge dans l'assolement. — Sols qui conviennent à l'orge. — Les besoins d'engrais de l'orge.

CHAPITRE XIX

Culture proprement dite de l'orge.

SARRASIN

CHAPITRE XX

Notions préliminaires.

CHAPITRE XXI

Place du sarrasin dans l'assolement. — Sols qui conviennent au sarrasin. — Les besoins d'engrais du sarrasin.

CHAPITRE XXII

Culture proprement dite du sarrasin.

MAÏS

CHAPITRE XXIII

Notions préliminaires.

CHAPITRE XXIV

Place du maïs dans l'assolement. — Sols qui conviennent au maïs. — Les besoins d'engrais du maïs.

CHAPITRE XXV

Culture proprement dite du maïs.

MILLET

CHAPITRE XXVI

Notions préliminaires.

CHAPITRE XXVII

Place du millet dans l'assolement. — Sols qui conviennent au millet.

CHAPITRE XXVIII

Culture proprement dite du millet.

MOISSON DES CÉRÉALES

—— — Imprimerie LAHURE, 9, rue de Fleurus à Paris.

9 782329 566047